Mathematik

Einblicke in die Wissenschaft

František Kadeřávek

Geometrie und Kunst in früherer Zeit

In der populärwissenschaftlichen Sammlung

Einblicke in die Wissenschaft

mit den Schwerpunkten Mathematik – Naturwissenschaften – Technik werden in allgemeinverständlicher Form

- elementare Fragestellungen zu interessanten Problemen aufgegriffen,
- Themen aus der aktuellen Forschung behandelt,
- historische Zusammenhänge aufgehellt,
- Leben und Werk bedeutender Forscher und Erfinder vorgestellt.

Diese Reihe ermöglicht interessierten Laien einen einfachen Einstieg, bietet aber auch Fachleuten anregende, unterhaltsame und zugleich fundierte Einblicke in die Wissenschaft.

Jeder Band ist in sich abgeschlossen und leicht lesbar.

František Kadeřávek

Geometrie und Kunst in früherer Zeit

Nach dem 1935 in Prag erschienenen Original
aus dem Tschechischen übersetzt
von Leo Boček und Zbyněk Nádeník

Herausgegeben und mit Anmerkungen versehen
von Zbyněk Nádeník und Peter Schreiber

B. G. Teubner Verlagsgesellschaft
Stuttgart · Leipzig

Verlag der Fachvereine Zürich

Prof. Ing. Dr. techn. František Kadeřávek, DrSc.
1885–1961

Ehemals Professor für Darstellende Geometrie in Prag.

Titel der Originalausgabe (Praha 1935):
F. Kadeřávek, Geometrie a umění v dobách minulých

Übersetzung aus dem Tschechischen: Doz. Dr. Leo Boček, Prag, und Prof. Dr. Zbyněk Nádeník, Prag
Bearbeitung und endgültige Formulierung der deutschsprachigen Fassung: Doz. Dr. Peter Schreiber, Greifswald.
Herausgegeben und mit Anmerkungen versehen von Prof. Dr. Zbyněk Nádeník und Doz. Dr. Peter Schreiber.

Für die freundliche Unterstützung bei der Bereitstellung der Abbildungen danken Herausgeber und Verlag der Staatsbibliothek der ČR (Státní knihovna ČR), dem Archiv der ČVUT (Abb. 72) und dem Institut für Denkmalpflege und Naturschutz (Abb. 76) in Prag.

Die Deutsche Bibliothek – CIP-Einheitsaufnahme

Kadeřávek, František:
Geometrie und Kunst in früherer Zeit / František Kadeřávek.
Nach dem 1935 in Prag erschienenen Orig. aus dem Tschech.
übers. von Leo Boček und Zbyněk Nádeník. Hrsg. und mit
Anm. vers. von Zbyněk Nádeník und Peter Schreiber. –
Stuttgart ; Leipzig : Teubner ; Zürich : Verl. der Fachvereine,
1992
(Einblicke in die Wissenschaft : Mathematik)
Einheitssacht.: Geometrie a umění v dobách minulých ⟨dt.⟩
ISBN 978-3-8154-2024-9 ISBN 978-3-322-90913-8 (eBook)
DOI 10.1007/978-3-322-90913-8

Satz: INTERDRUCK Leipzig GmbH

Umschlaggestaltung: E. Kretschmer, Leipzig

Vorwort

Die Beziehungen zwischen Geometrie und Kunst (letztere hier einerseits eingeschränkt auf Architektur, Plastik und Malerei, andererseits ausgedehnt auf die mehr technische Seite des Bauwesens) sind uralt, und sie waren immer zweiseitig: mathematische Begriffe und Erkenntnisse wurden nicht nur einfach angewendet, sondern stets erwuchsen der Mathematik aus den Bedürfnissen der Praxis auch neue Anregungen. Über diesen gesamten Komplex gibt es schon sehr viel Literatur und zwar sowohl populärwissenschaftliche, die sich an breite, nicht vorwiegend mathematisch interessierte Leserkreise wendet, als auch solche, die für Spezialisten geschrieben und oft sehr speziellen Fragen gewidmet ist.

Demgegenüber zeichnet sich dieses Büchlein, das wir hier ein reichliches halbes Jahrhundert nach seinem ersten Erscheinen dem deutschsprachigen Leser erschließen, durch drei Besonderheiten aus: Erstens gelang es dem Verfasser, seinem Thema auf knappem Raum eine erstaunliche Vielfalt von Aspekten abzugewinnen, ohne beim Leser große mathematische Kenntnisse vorauszusetzen. Zweitens enthält das Büchlein zahlreiche Informationen und Anregungen gerade zu solchen Themen, über die man in der deutschsprachigen Literatur sonst wenig Material findet. (Als Beispiele seien hier die Ausführungen über die Herkunft zahlreicher religiöser Symbole und Bräuche aus einfachen Vermessungsaufgaben sowie zur Geschichte und Bedeutung der Bauhütten und ihrer geheimen Zeichen genannt.) Drittens schließlich bezieht der Verfasser seine Beispiele oft aus seiner tschechoslowakischen Heimat. Dies ist ganz natürlich, und eine zusätzliche Motivation war sicher dadurch gegeben, daß František Kadeřáveks Manuskript nur achtzehn Jahre nach Erringung

der lange herbeigesehnten nationalen Selbständigkeit der Tschechoslowakei entstand.
In unserer Zeit zunehmender Touristenströme in die ČSFR wird es für manche Leser einen besonderen Reiz besitzen, auf diese nicht alltägliche Weise einige Informationen über die Entstehungsgeschichte berühmter tschechoslowakischer Kunst- und Baudenkmale zu erhalten. Die in F. Kadeřáveks Text eingefügten hochgestellten Zahlen verweisen auf Anmerkungen der Herausgeber.
So, wie die gemeinsame Arbeit an der Übersetzung, Kommentierung und Herausgabe dieses zu Unrecht bisher außerhalb der Tschechoslowakei unbekannten kleinen Klassikers der mathematik- und kunsthistorischen Literatur die freundschaftlichen Bande zwischen den unmittelbar Beteiligten enger geknüpft hat, möge auch das Resultat unserer Arbeit zum besseren gegenseitigen Kennen und Verstehen benachbarter Völker beitragen.
Der B. G. Teubner Verlagsgesellschaft in Leipzig, insbesondere Herrn Jürgen Weiß, danken wir für die angenehme Zusammenarbeit und für alle Bemühungen um eine angemessene äußere Form dieser Publikation.

* * *

Seit dieses Vorwort vor mehr als zwei Jahren geschrieben wurde, haben sich Dinge von weltgeschichtlicher Bedeutung ereignet.
Es spricht für den zeitlosen Wert des behandelten Themas, daß wir weder im Haupttext noch in unseren Zutaten Änderungen vornehmen mußten, sondern lediglich eine einzeilige Anmerkung zu aktualisieren war.

Prag und Greifswald, im Februar 1992

Leo Boček, Zbyněk Nádeník
und Peter Schreiber

Inhalt

FR. KADEŘÁVEK

GEOMETRIE

A UMĚNÍ

V DOBÁCH MINULÝCH

JAN ŠTENC, PRAHA 1935

Titelseite der Originalausgabe im Verlag Jan Štenc (1935)

1. Orthogonale und schiefe Projektion

Eine feste und sichere Grundlage, auf der sich großartige Leistungen der Baukunst, Bildhauerei und Malerei entwickeln konnten, war die Kenntnis einfacher geometrischer Begriffe und Sätze, besonders die Kenntnis des rechten Winkels, der auf einer Ebene senkrechten Geraden und der horizontalen Ebene.
Auf horizontalem, sorgfältig ausgeführtem Pflaster wurde im alten Ägypten in natürlicher Größe der Grundriß des Tempels gezeichnet, und erst danach wurde mit dem eigentlichen Bau in den genauen Umrissen des konstruierten Grundrisses begonnen. Von diesem Verfahren zeugen Ausgrabungen auf der Insel Philae[1], wo ins Pflaster gravierte Grundrisse eines Tempels, die als Grundlage des Bauwerkes dienten, erhalten blieben, während das Gebäude selbst schon vor langer Zeit bis auf den letzten Stein abgetragen wurde, um als Material für andere Bauten zu dienen.
Die Festlegung der Hauptpunkte des Grundrisses eines Tempels war ein Vorrecht der Herrscher. Bei den Ausgrabungen, die 1925 durch eine Expedition des Britischen Museums in Ur[2] durchgeführt wurden, fand man Teile von Steinreliefs aus der Zeit um 2 300 v. u. Z., die damals den großen stufenförmigen Unterbau (Zikkurat) eines Tempels geschmückt hatten, der unter König Ur-Engur erbaut wurde. Nach der von den Archäologen vorgenommenen Zusammenfügung und teilweisen Ergänzung der gefundenen Teile sieht man auf dem rechten Flügel des Reliefs (Abb. 1), wie König Ur-Engur die Trankopfer vor dem Mondgott Nannar verrichtet. Die sitzende Gottheit hält in der rechten Hand eine Meßstange und einen Zirkel ältester Art in Form einer (vor dem Gebrauch noch sorgfältig zusammengerollten) Schnur. Hinter dem König steht ein sumerischer Priester. Auf dem unteren, nur teilweise erhaltenen Teil des Reliefs schreitet der König, gefolgt

Abb. 1. Rechte Seite des Reliefs aus Ur (um 2 300 v. u. Z.)

vom Priester, zur Baustelle der Zikkurat, um die Hauptpunkte des Grundrisses des Turmes festzulegen. Auf den Schultern trägt er die Meß- und Baugeräte. So wie dieser sumerische König haben auch die Pharaonen des alten Ägypten sehr oft ihre Zepter gegen Meßleinen und Meßstangen vertauscht. Bekannt sind besonders die Abbildungen aus den Tempeln in Dendera[3] und Edfu[4]. Auf diesen ist der Pharao in prachtvollem Festgewand zu sehen, wie er in Vertretung des Gottes Thot[5] gemeinsam mit Sefech, der für die Grundrißfestlegungen zuständigen Göttin, die um die Meßstange gelegte Meßleine spannt.

Nicht nur die Grundrisse, sondern auch andere wichtige Details der zu errichtenden Bauten ritzten die alten Ägypter in natürlicher Größe in den Stein. An der Ostseite des Tempels in Luxor[6] gibt es eine erhaltene, in den Stein gravierte Konstruktion eines Ovals, dessen Hauptachse über eineinhalb Meter lang ist (Abb. 2). In Edfu ist auf den Steindächern des Tempels eine Anzahl von leider sehr beschädigten Rissen erhalten. Am besten erhalten ist dort eine fast zweieinhalb Meter große Konstruktionszeichnung (Abb. 3) für das Gesims eines Pylons, d. h. eines der beiden Türme, die den Eingang eines altägyptischen Tempels flankierten. Das Gesims ist schon vor langer Zeit abgestürzt, aber seine genaue Form mit der zu seiner Konstruktion notwendigen geometrischen Anweisung ist so erhalten geblieben.

Der Begriff des Grundrisses eines Tempels mußte notwendig zum

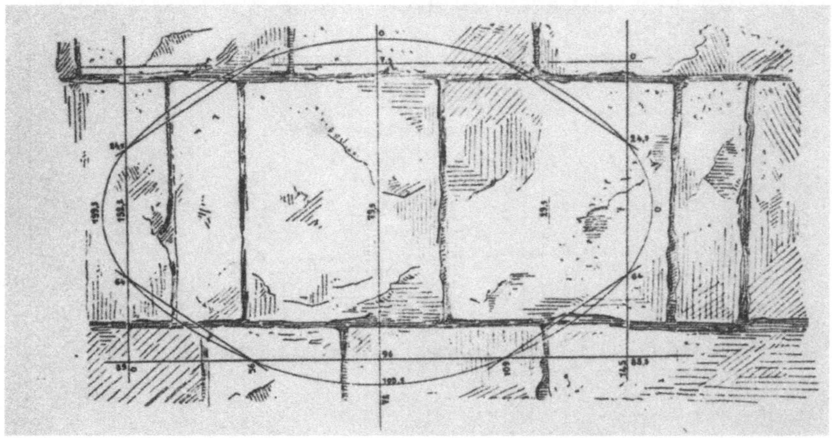

Abb. 2. Oval im Tempel von Luxor (aus der Regierungszeit Ramses III., 1269–1244 v. u. Z.)

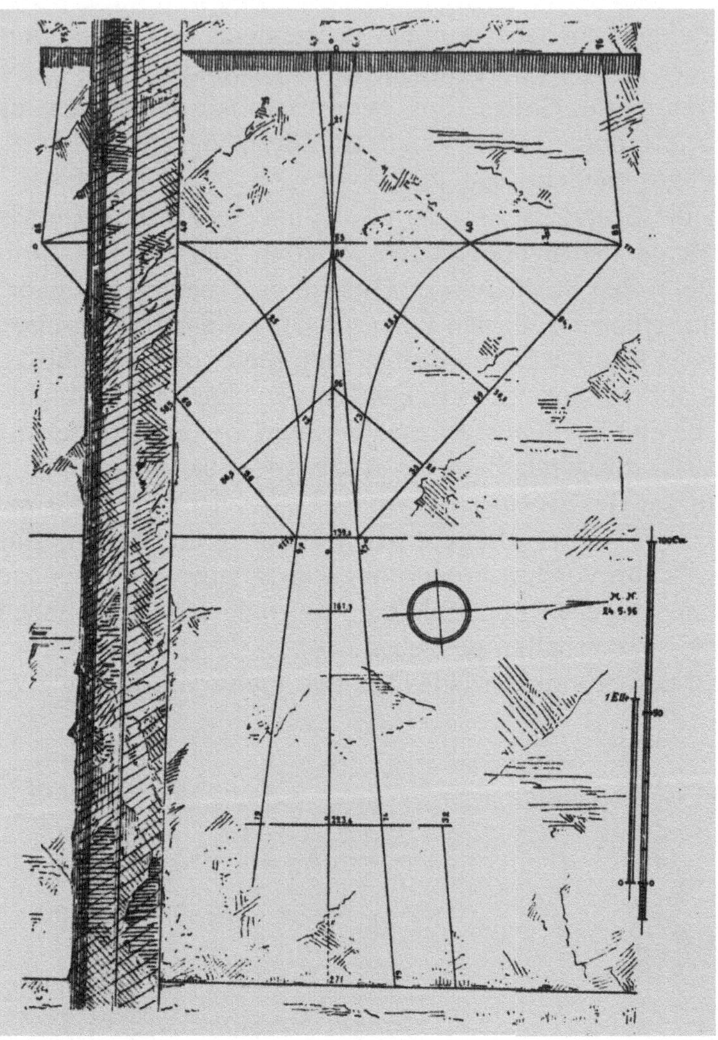

Abb. 3. Profil des Pylons aus Edfu (spätere Ptolemäerzeit, etwa 1. Jh. v. u. Z.)

Begriff der orthogonalen Projektion führen. Bezeichnen wir den Fußpunkt einer durch einen gegebenen Punkt gehenden senkrechten Geraden auf der horizontalen Grundebene als seine orthogonale „Projektion“ bzw. als seinen Grundriß, so ist der Punkt im Raum festgelegt, wenn wir seinen Grundriß und seine Höhe über der gegebenen horizontalen Ebene kennen. Die Gesamtheit aller Grundrisse der Punkte eines gegebenen Körpers bildet den Grundriß dieses Körpers oder seine Ichnographie[7]. Bei einem Gebäude sehen wir im Grundriß seine Länge und Breite in wahrer Größe. Führen wir dasselbe, was wir zunächst mit einer horizontalen Ebene erklärt haben, bezüglich einer vertikalen Ebene durch, so erhalten wir einen Aufriß, früher als Orthographie bezeichnet, bzw. einen Seitenriß. Bei Gebäuden sehen wir auf dem Aufriß, der die Projektion auf eine zur Frontseite des Gebäudes parallele Ebene ist, die Höhen und Breiten in wahrer Größe. Auf Seitenrissen, die Projektionen auf eine zur Frontseite senkrechte vertikale Ebene sind, erscheinen die Höhen und die Tiefen des Gebäudes in natürlicher Größe. Daß die Ägypter die Grund- und Aufrisse kannten, ist durch einen Fund von Prof. Borchardt[8] bewiesen worden. Auf dem Ostpylon des Isistempels auf der Insel Philae befindet sich eine Anzahl von etwa 2 mm tiefen Rillen, die bei Sonnenuntergang sehr gut sichtbar sind. Sie sind teilweise beschädigt, weil der Pylon lange Zeit als Aussichtsturm diente. Nach genauer Übertragung dieser Rillen in eine Zeichnung (Abb. 4) hat Borchardt wahrgenommen, daß hier der Aufriß bzw. ein Achsenschnitt einer Säule und der zugehörige Grundriß erhalten sind. Im Aufriß ist die genaue Form des Kapitells der Säule durch Rillen markiert, die senkrecht zur Achse der Säule verlaufen. In Abb. 4 sieht man die einzelnen Steine, auf die sich die Konstruktionszeichnung verteilt, sowie Vertiefungen in Form von doppelten Kegelstümpfen, in denen sich eiserne Stifte zur Verbindung der Steine befanden. Die frontal sichtbaren kreisförmigen Löcher dienten zur Aufnahme eiserner Stangen, über die Planen zum Schutz gegen die Sonne gehängt wurden. Schließlich er-

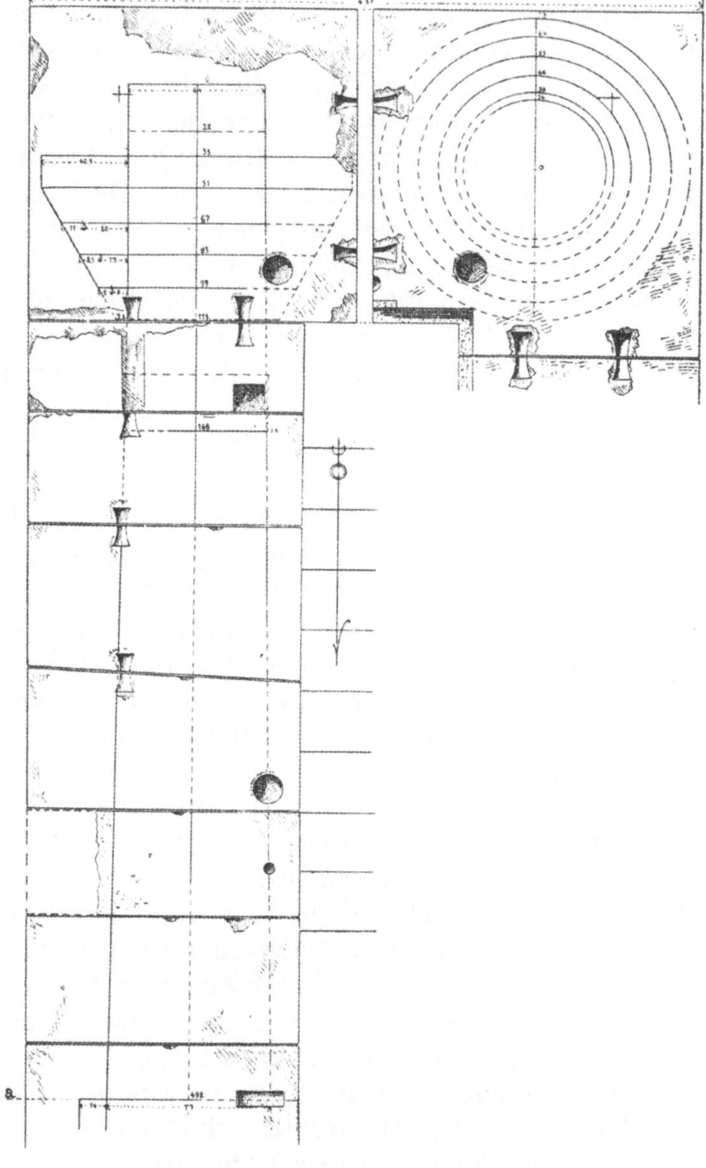

Abb. 4. Grund- und Aufriß der Säule aus Philae (um 150 v. u. Z.)

kennt man in der Zeichnung eine Rille für eine Falltür, durch die der Zugang zum Pylon gesperrt werden konnte. Als Entstehungszeit für diesen Riß bestimmte L. Borchardt die Jahre um 150 v. u. Z. Außerdem gelang es ihm, im benachbarten Tempel der Göttin Hathor eine Säule zu finden, die nach Größe und Form

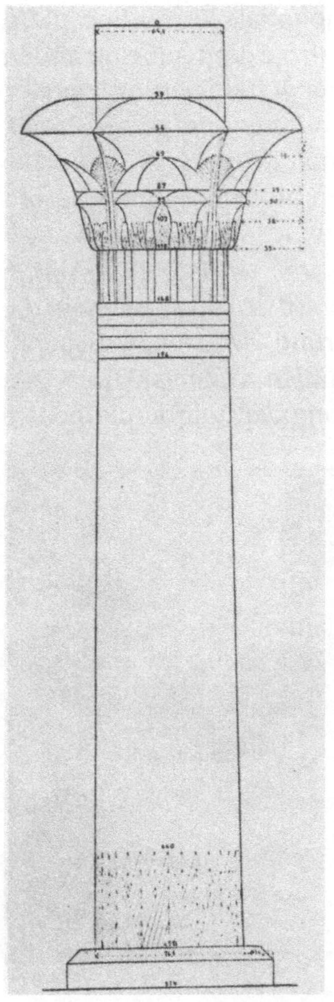

Abb. 5. Säule des Hathor-Tempels in Philae

völlig dem Riß entspricht (Abb. 5). Es ist für den Leser sicher nicht ohne Interesse, daß die Gewohnheit, Teile von Bauwerken auf dem Fußboden in natürlicher Größe aufzureißen, auch bei gotischen Kathedralen vorkommt.

Wir haben gesagt, daß die Gesamtheit der Fußpunkte aller Lote, die von den Punkten eines Körpers auf eine gewählte Ebene gefällt werden, in dieser Ebene die orthogonale Projektion dieses Körpers bildet. Die Übertragung dieser Projektion auf eine andere Ebene, gewöhnlich verbunden mit einer Verkleinerung, zerstört die Beziehung zwischen dem Gebilde im Raum und seiner Projektion. Es entsteht ein „Bild" des gegebenen Körpers. Wir sprechen dann von Grund-, Auf- und Seitenrissen in gegebenem Maßstab, wenn auch die Verkleinerung angegeben ist. Auch dieses Verfahren war den alten Ägyptern bekannt, wie ein Papyrus (Abb. 6) zeigt, der jetzt in Berlin aufbewahrt wird. Auf diesem sehr beschädigten Papyrus hat Borchardt Grund-, Auf- und Seitenriß einer Sphinx[9] identifiziert, welche sämtlich in ein präzises Quadratnetz eingebettet sind. Als Entstehungszeit wurde die helleni-

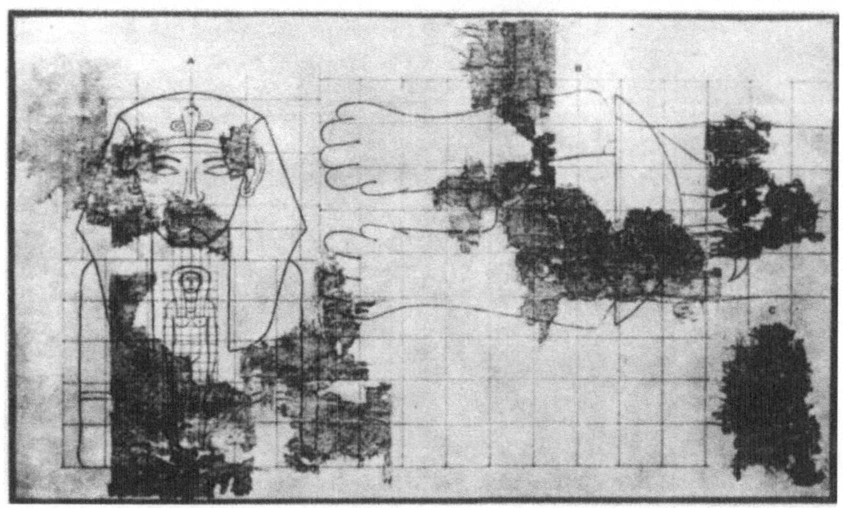

Abb. 6. Berliner Papyrus (Griechisch-römische Ära ab 3. Jh. v. u. Z.)

stische oder römische Periode (etwa 330 v. u. Z. bis etwa 390 u. Z.) angegeben. Die Quadratnetze wurden zur kanonischen[10] Bestimmung der gegenseitigen Größen der Teile des Sphinxkörpers benutzt. Da diese Regeln uns bekannt sind, war es möglich, die Zeichnung trotz der starken Beschädigung genau zu ergänzen. Ähnliche Risse wie der erwähnte aus dem Berliner Ägyptischen Museum wurden zur Herstellung besonders großer Statuen benutzt. Vielleicht mit Hilfe eines Modells, vielleicht aber auch unter Benutzung des Regelkanons wurden Grund-, Auf- und Seitenriß der verlangten Statue ausgearbeitet. Dann meißelte man aus einem Stein ein rechteckiges Prisma heraus, und anschließend ließen sich mit Hilfe eines Quadratnetzes auf den jeweils entsprechenden Seitenflächen der Grundriß, zwei gegenüberliegende Aufrisse und zwei gegenüberliegende Seitenrisse (Abb. 7) zeichnen. Dann wurde aus dem Prisma in Richtung einer horizontalen Kante das Material weggemeißelt, z. B. parallel zum Aufriß (Abb. 8). Dabei verschwanden die Aufrisse von der vorderen und hinteren Fläche. Deshalb wurden diese Flächen durch Rahmen ersetzt, in denen das Quadratnetz durch gespannte Seile und die markanten Punkte des Aufrisses durch Farbmarkierungen auf diesen Seilen realisiert waren. Danach entfernte man das Material in

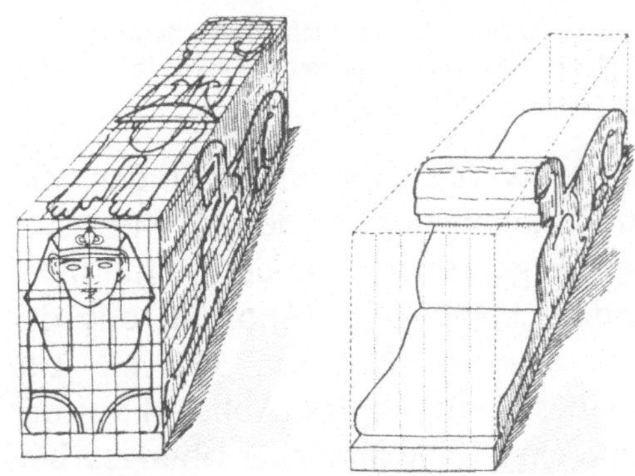

Abb. 7. Erste Phase der Herstellung einer Statue
Abb. 8. Folgende Phase der Bearbeitung

Richtung der zum Seitenriß parallelen horizontalen Kanten. Ein Beispiel für Zwischenprodukte dieser Form ist die unfertige Kristallstatue (Abb. 9) aus der Sammlung Flinders-Petrie[11]. Aus einem solchen „Rohling" konnte dann durch sorgfältige weitere

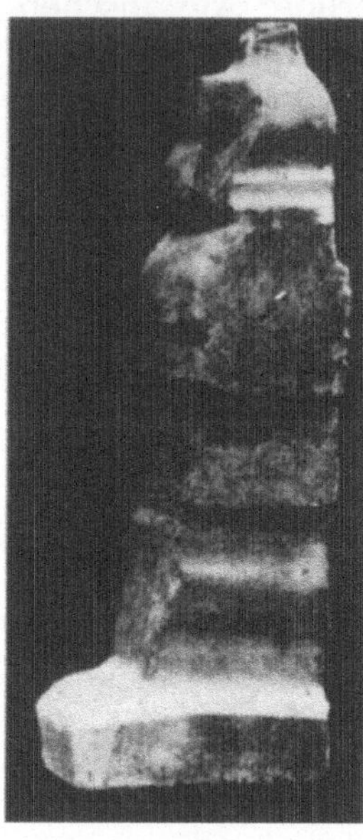

Abb. 9. Unvollendete Kristallfigur

Abb. 10. Ein nicht vollendeter Löwenkopf (Ptolemäerzeit, 3. bis 1. Jh. v. u. Z.)

Bearbeitung eine Statue gefertigt werden, deren Teile in der richtigen, gewünschten Proportion zueinander standen, obwohl eine Übersicht während der Arbeit wegen der Größe der Statue nicht möglich war. Der unvollendete Löwenkopf (Abb. 10) aus der Sammlung Flinders-Petrie – aus der Zeit um 130 bis 106 v. u. Z. –, die Übungsarbeit eines Königskopfes (Abb. 11) aus der Zeit um 710 bis 330 v. u. Z. und eine Reihe ähnlicher Übungsarbeiten aus den Werkstätten in Tell el-Amarna[12] (um 1375–1350 v. u. Z.) mit noch erkennbaren Hilfslinien zeigen, daß diese Ar-

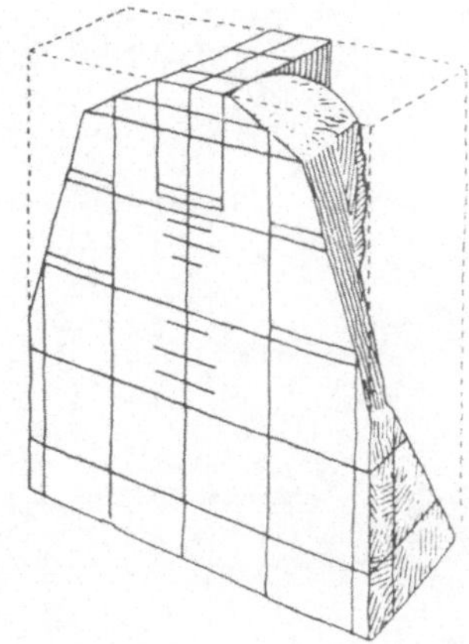

Abb. 11. Rückseite eines Königskopfes (Spätzeit)

beitsmethode auf der Basis der orthogonalen Projektionen eine uralte Tradition hat.

Die orthogonale Projektion beeinflußte stark die Ausdrucksmittel der altzeitlichen Malerei und Reliefdarstellung. Sehr deutlich zeigen dies die in unserem Buch reproduzierten Beispiele ägyptischer Malerei sowie ägyptischer und nahöstlicher Reliefkunst (Abb. 12).

Rechtwinkliges Dreieck, Lotwaage und andere Konstruktionsinstrumente wurden von den der Geometrie Unkundigen als Ursache und nicht etwa als bloßes Hilfsmittel zur Erreichung der gegebenen Ziele angesehen. Folglich wurde die Geometrie als heilig betrachtet, da sie in engstem Zusammenhang mit dem Anlegen von Tempeln stand. Dies erklärt, warum später so häufig Amulette in Form von Lotwaagen, Zeichendreiecken und Winkeleisen zum Schutz der Lebenden wie auch der Toten gefunden wurden. Derartige Amulette besitzen u. a. das Museo archeologico in Florenz sowie Museen in London, Athen, Turin und Petersburg[13]. Die drei in Abb. 13 gezeigten Amulette wurden in Dendera gefunden. Aus Verehrung des rechten Winkels wurden auch die symboli-

Abb. 12. Relief aus dem Palast von Persepolis (aus der Zeit Dareios I., 521–485 v. u. Z.)

Abb. 13. Amulette in der Form von Lotwaagen und Winkeleisen aus Dendera

schen Throne der ägyptischen Götter, Himmelsrichter und Pharaonen in Form des rechten Winkels dargestellt (Abb. 14, 15). Grund- und Aufriß waren von Anfang an mit der schöpferischen Arbeit der Architekten verbunden. In Fachkreisen wurde ihre Kenntnis vorausgesetzt. Der römische Architekt Vitruvius erklärt in seinem Werk „De architectura"[14] die Begriffe Ichnographie und Orthographie. In der ersten Druckausgabe dieses Buches in der Bearbeitung von Cesare Cesariano[15] aus dem Jahre 1521 waren diese Begriffe durch Abbildungen erläutert, auf die wir noch zurückkommen werden.

Im 16. Jh. wurden diese Risse auf seltsame Art mit Hilfe eines Gerätes gezeichnet: Wo die geometrischen Kenntnisse zur exakten Konstruktion nicht ausreichen, wurde ein dreidimensionales Mo-

Abb. 14. Himmelstore in Rechteckform (aus dem Buch der Toten, Ägypten, Neues Reich, 1562–1085 v. u. Z.)

Abb. 15. Thron eines Gottes in Rechteckform (aus dem Grab des Kenamon in Abd-el-Kurna[A1], um 1435 v. u. Z.)

dell des abzubildenden Körpers in das Gerät eingelegt, das uns in einer Darstellung von H. Lencker[16] aus dem Jahre 1567 überliefert ist (Abb. 16). Der wesentlichste Teil des Gerätes ist die Nadel *D*, die sich in horizontaler und vertikaler Richtung bewegen läßt und mit einem Maßstab auf ihrem Schaft versehen ist. Zunächst wurde die Nadelspitze auf einen bestimmten Punkt des Körpers geführt und auf dem Schaft die Höhe dieses Punktes über der Grundplatte abgelesen. Dann wurde sie wieder hochgezogen, der Tisch *E* mit dem Zeichenblatt *R* herumgeschwenkt und die Nadel auf dieses Papier geführt. So war ein Punkt des Grundrisses samt der entsprechenden Höhe über der Grundebene bestimmt. Auf diese mühsame Weise ließ sich der Grundriß Punkt für Punkt erzeugen.

Sehr oft wurden die Grundrisse dadurch für Nichtfachleute anschaulicher gemacht, daß man einige Details im Aufriß einzeich-

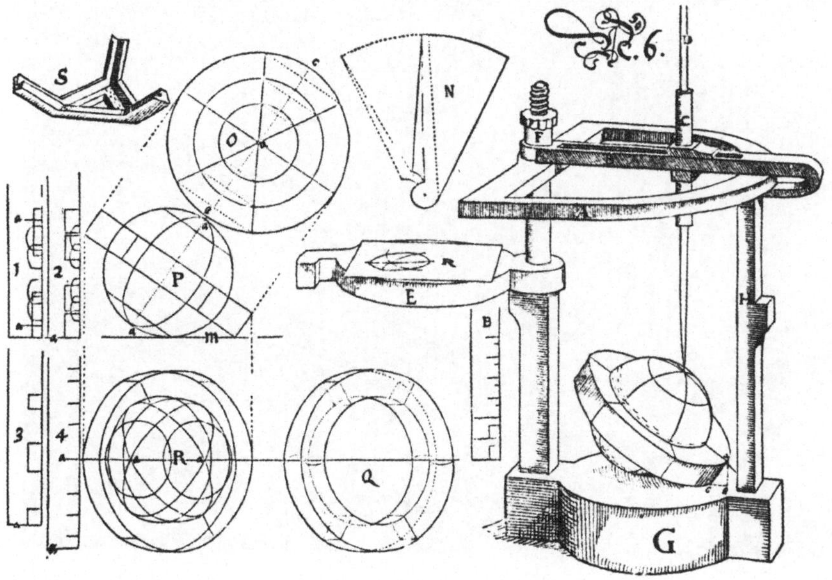

Abb. 16. Gerät zur mechanischen Konstruktion des Grundrisses von Objekten (2. Hälfte des 16. Jh.)

nete. Das ist gut an dem in Abb. 17 reproduzierten altägyptischen Bild zu erkennnen. Der Teich und der Weg sind im Grundriß dargestellt, hingegen die Menschen, die Säulen der Weinlaube, die Körbe, das Tor in den Weingarten und das Palais rechts im Aufriß. Derselbe Gedanke liegt auch dem altpersischen Relief auf der rechten Seite der großen Grotte in Tāq-i-Bustān[17] zugrunde (Abb. 18), das um 620 u. Z. entstand. Wir finden ihn wieder auf dem Stadtplan von Jerusalem aus dem Stuttgarter Passional im Jahre 1110 (Abb. 19). Dieselbe Darstellungsweise benutzten auch mittelalterliche Architekten, wie das Skizzenheft des Villard de Honnecourt[18] (Abb. 20, 21) zeigt, das in den Jahren 1243 bis 1251 entstand. Dabei handelt es sich um das einzige erhalten gebliebene Schriftzeugnis eines mittelalterlichen Baumeisters. Ein Teil

Abb. 17. Darstellung eines Landgutes (aus dem Grab des Nebamon in Abd-el-Kurna, um 1400 v. u. Z.)

Abb. 18. Relief aus der Grotte in Tāq-i-Bustān: König Chosrau II. auf der Jagd (um 620)

davon ist in der Slowakei entstanden, da Villard dort zwischen 1244 und 1247 Kirchen restaurierte, die 1242 von den Tataren zerstört worden waren, unter anderem die Kirchen in Košice und Martin[19]. Der ungarische König Bela, ein Verwandter der Elisabeth Přemyslovna[20], hatte Villard zu dieser Arbeit ins Land gerufen.

Die willkürliche Verschmelzung des Grundrisses mit den Aufrissen einiger Teile des darzustellenden Objektes wurde erst gegen Ende des 16. Jahrhunderts durch eine exakte Methode ersetzt: Alle zur Grundrißebene senkrechten Strecken wurden nun in einer einheitlichen Richtung im Winkel von 45° gegen die Grundrißebene auf diese projiziert, so daß ihre Bilder in der Zeichenebene parallel sind und ihre Längen in natürlicher Größe erscheinen. Bilder dieser Art ließen sich aus dem Grundriß bequem und schnell entwickeln und waren sehr anschaulich (Abb. 23). Schnitte

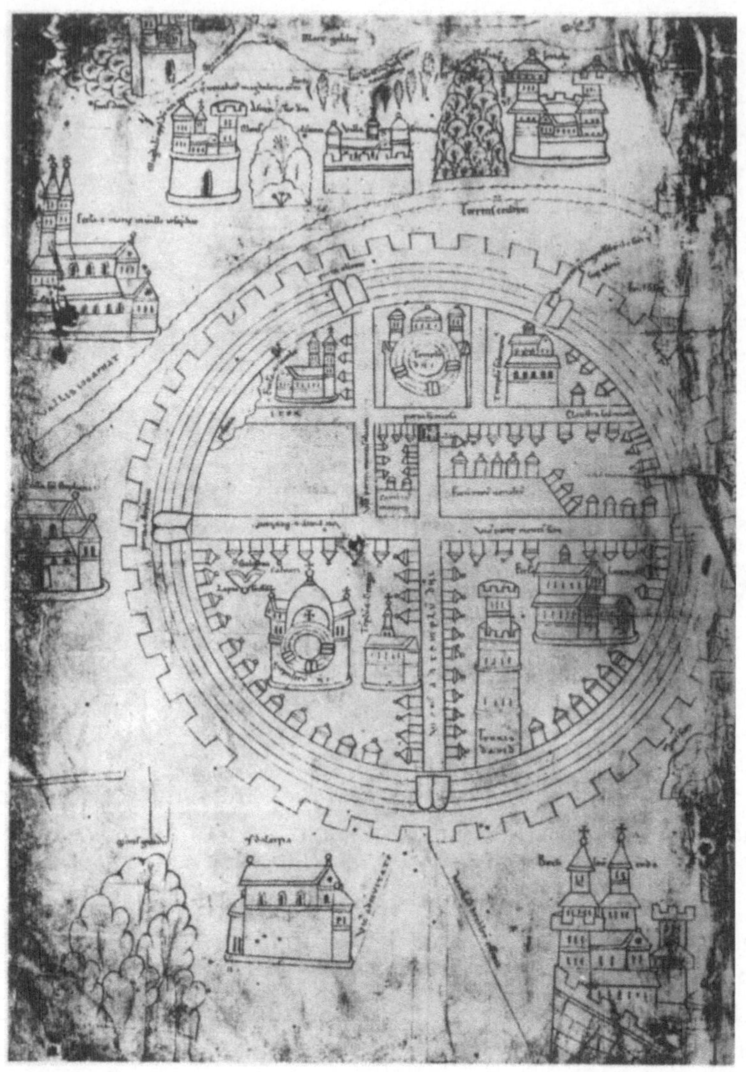

Abb. 19. Plan von Jerusalem aus dem Stuttgarter Passional, wahrscheinlich aus dem Jahre 1110 (vgl. [1])

Abb. 20. Skizze eines Pultes aus dem Skizzenheft des Villard de Honnecourt (um 1250)

Abb. 21. Skizze der Turmfront in Laon[A2] aus dem Skizzenheft des Villard

Abb. 22. Zum Vergleich ein Foto des tatsächlichen Aussehens des Kirchturms von Laon

Abb. 23. Entwurf einer Festung mit zentralem Hochhaus aus dem Jahre 1601 von J. Perret de Chambéry[A3]

von Körpern durch vertikale, zu den Projektionen vertikaler Geraden senkrechte Ebenen erscheinen bei dieser Abbildungsart in ihrer wirklichen Form und Größe (Abb. 24), was ein weiterer bedeutender Vorteil ist. Derartige Bilder, in denen man die Längen, Breiten und Höhen mit einem Maßstab, der der gewählten Verkleinerung entspricht, direkt messen konnte, wurden wegen ihrer Vorteile besonders von den Militärfachleuten benutzt. Deshalb hat sich für diese spezielle Art schiefer Parallelprojektion neben

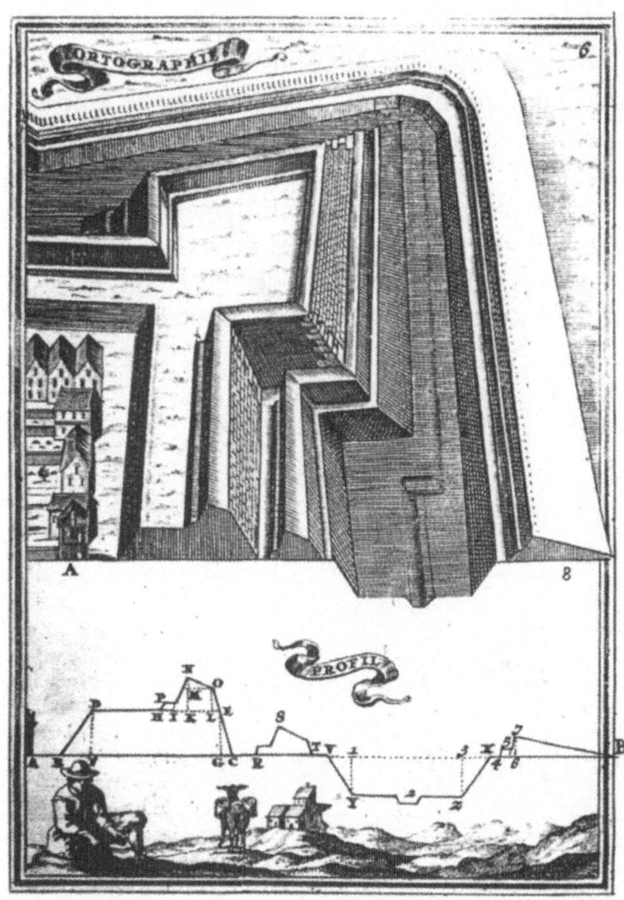

Abb. 24. Orthographie und Profil einer Befestigung aus dem Jahre 1672 von A. M. Mallet (vgl. Anmerkung 28)

der ursprünglichen Bezeichnung élévations géométrales[21] bald der Name Militärperspektive oder auch Kavalierperspektive durchgesetzt. Die Militärs waren mit dieser Abbildungsmethode sehr zufrieden. Sie lobten die mühelose Herstellung und schätzten es, daß gleich große Teile einer Befestigung, besonders die als „Kavaliere" bezeichneten vorspringenden Ecken, im Bild gleich groß erscheinen, während die gewöhnliche (Zentral)perspektive die im Vordergrund stehenden Kavaliere als sehr groß und die hinteren unangemessen klein abbildet. Dadurch wurde eine exakte perspektivische Darstellung der Festungen in den Augen der Militärs – meist Laien in Fragen der geometrischen Perspektive – unbrauchbar. Im Gegensatz dazu haben sich damals Theoretiker der Perspektive wie z. B. Jean Dubreuil[22] entschieden gegen die Militärperspektive ausgesprochen und ihr die Bezeichnung Perspektive, auch mit dem Zusatz Militär-, nicht zugebilligt.

2. Gleichseitiges Dreieck und regelmäßiges Sechseck

Den rechten Winkel, die Grundlage aller einfachen geometrischen Konstruktionen, haben die Menschen in früherer Zeit auf verschiedene Weise konstruiert. Ein einfaches Hilfsmittel hierfür war ein Strick, der durch Knoten in zwölf gleichlange Teile geteilt war. Er wurde auch als ägyptische Schnur bezeichnet. Wenn man aus ihm ein Dreieck aufspannte, dessen Seiten drei, vier bzw. fünf Teilen der Schnur entsprachen, ergab sich (nach dem Satz des Pythagoras) ein rechtwinkliges Dreieck (Abb. 25). Dabei ist das Produkt der Katheten wieder zwölf. So führten die früh bemerkten seltsamen Eigenschaften dieser Zahl zur Einteilung des Tierkreises in zwölf Sternbilder, aber auch zur Einteilung des Tages und der Nacht in je zwölf Stunden[23]. Die alte ägyptische Elle hatte sechs Fäuste zu je vier Fingern, also 24 Finger. Erst in späterer Zeit wurde die siebente königliche Faust der Elle hinzugefügt. Ein mit der ägyptischen Schnur konstruierter rechter Winkel konnte natürlich nicht sehr genau sein. Daß Winkel an großen Bauten anders bestimmt worden sind, davon zeugt die beachtliche Genauigkeit altägyptischer Bauwerke. So beträgt z. B. beim Grundquadrat der großen Cheops-Pyramide[24], das eine Seitenlänge von 230 m hat, die größte Abweichung der Längen nur

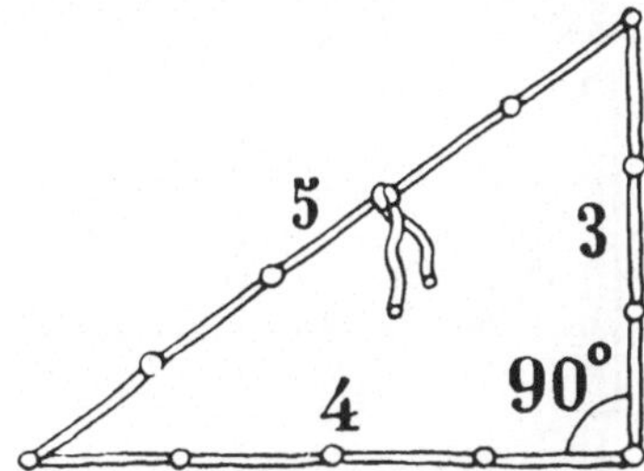

Abb. 25. Konstruktion eines rechtwinkligen Dreiecks mit der ägyptischen Meßleine

4 cm. Derart genaue Ergebnisse konnten aber nur mit Hilfe des regelmäßigen Sechsecks oder mit zwei übereinandergelegten gleichseitigen Dreiecken erreicht werden. Auf diese Möglichkeit der Lösung wies im Jahre 1890 der Archäologe Antonio Lopez Ferreiro in seinem Buch „Lecciones de Arqueologia sagrada“ (Santiago 1890) hin. Die einfachste geometrische Figur, die jedermann konstruieren kann, ist die Kreislinie. Es genügt, an einen in die Erde getriebenen Pflock eine Leine zu binden, am anderen Ende eine Stange zu befestigen und diese bei gespannter Leine herumzuführen (Abb. 26a). Mit der Länge des Radius kann man dann die Kreislinie sechsmal in den Eckpunkten eines regelmäßigen Sechsecks schneiden. Die innerhalb des Anfangskreises liegenden Teile dieser sechs weiteren Kreise (Abb. 26b) bilden das Grundmotiv vieler Volkskunstornamente. Die auf dem äußeren Kreis gebildeten Eckpunkte kann man entweder zu einem regelmäßigen Sechseck (Abb. 26c) oder zu zwei übereinandergelegten gleichseitigen Dreiecken verbinden (Abb. 26d). Läßt man zwei gegenüberliegende Ecken aus und verbindet die verbleibenden jeweils benachbarten (Abb. 26e), so erhält man ein genaues Rechteck.
In Aufschriften und Bildern in den Tempeln von Dendera, Edfu

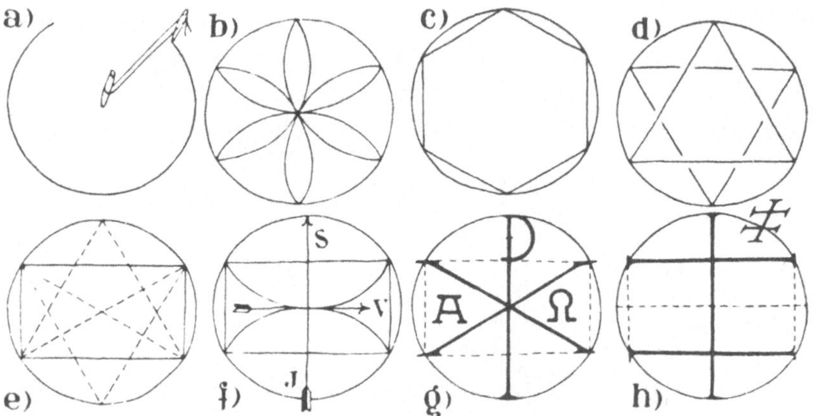

Abb. 26. Konstruktionen, die vom regelmäßigen Sechseck ausgehen

und andernorts wird geschildert, wie der Pharao in festlicher Kleidung gemeinsam mit der Göttin Sefech die Schnüre spannt. Für diese Tätigkeit waren beide mit goldenen Hämmern ausgerüstet. Der Pharao richtete sich nach dem nördlichsten Sternbild, um die vier Ecken des Tempels festzulegen. Man kann sich diesen Arbeitsgang etwa so vorstellen: In der Nacht schlug der Pharao mit seinen Gehilfen in der Mitte der Baustelle einen Pflock ein und beschrieb um diesen eine genügend große Kreislinie. Dann stellte er mit Hilfe des Großen Bären die Nordrichtung fest – man vergleiche an dieser Stelle das in Abb. 1 dargestellte Opfer des Königs Ur-Engur an den Gott der Nacht und des Mondes – und ließ diese auf der Kreislinie markieren (Abb. 26f). Nun konnte man auf der Kreisperipherie mit dem Radius des Kreises die Ecken eines Rechtecks abtragen, das in seiner Längsrichtung genau der Ost-West-Richtung entsprach. Viele alte Tempel, z. B. der Chent-Saal im Tempel von Edfu, sind tatsächlich so orientiert. Von den Seiten des Rechtecks ausgehend, konnte man mittels dazu paralleler Geraden den gesamten Grundriß des Tempels leicht durchkonstruieren. Zeit dafür war genügend vorhanden, denn die Feierlichkeiten zur Grundsteinlegung eines Tempels dauerten Monate. Für derartige Vermutungen spricht z. B. auch, daß König Salomon, der Bauherr des Tempels in Jerusalem, den in Abb. 26d gezeigten, aus zwei übereinanderliegenden gleichseitigen Dreiecken bestehenden, sogenannten Davidstern als Siegel benutzte. Bis zum heutigen Tag schmückt dieser Stern alle Synagogen und jüdischen Kultgegenstände. Aber auch in der bekannten Zierde christlicher Kirchen, die aus den übereinandergelegten Buchstaben *X* und *P* (d. h. den griechischen Anfangsbuchstaben Chi und Rho des Namens Christus) besteht, sind im *P* der Meßstab und im *X* die Diagonalen des Tempelgrundrisses verborgen (Abb. 26g). Diese Diagonalen werden bei der Weihe eines neuen Gotteshauses mit Asche bestreut, und derjenige, der die Weihe durchführt, schreibt dort hinein das griechische und das lateinische Alphabet. Auch die Altäre werden bei der Weihe in fünf Punkten mit Öl gesalbt, und zwar in den vier Eckpunkten sowie im Schnittpunkt der Diagonalen des rechteckförmigen oberen Teils des Altars. Das Zeichen des Doppelkreuzes (Abb. 26h), das den Unterschriften kirchlicher Würdenträger vorangestellt wurde, erinnert ebenfalls auffallend an die Ecken eines Sechsecks. In der unteren Kirche des Heiligen Franziskus in Assisi[25] wurden die symbolischen Gestalten der Grundtugenden des Ordens der Franziskaner mit Gloriolen in geometrischen Formen dargestellt (Abb. 27). So hat die Heilige Obedientia (Gehorsamkeit) eine quadratische Gloriole, die Heilige Humilitas (Demut) und die Heilige Prudentia (Klugheit) haben sechseckige Heiligenscheine. Die Heilige Prudentia hat außerdem zwei Gesichter und hält Spiegel, Astrolabium[26] und Zirkel in den Händen. Dieses Bild wurde von Giotto[27] (1266–1337) und seinen Schülern gemalt.

In der neueren Zeit ist das Konstruieren im Gelände mit Hilfe von Schnüren in dem Buch „Les travaux de Mars"[28] (Amsterdam 1672) von A. M. Mallet beschrieben worden. Mallet, ein Pariser Ingenieur, zeigt in diesem Werk, wie man regelmäßige Figuren mit Hilfe von Schnüren konstruiert (Abb. 28). Dabei hebt er das richtige und das falsche Halten der Zeichenstange hervor und empfiehlt, zunächst kleine Figuren zu konstruieren, die dann von einem zentralen Punkt aus gestreckt werden, wie der untere Teil des Stiches zeigt. Als Begründung gibt er an, daß es beim Konstruieren im Gelände andernfalls nötig wäre, im gesamten Gelände die Bäume zu roden, während es beim zweiten Verfahren genügt, nur Bahnen für die Strecken zu roden, die der ähnlichen Vergrößerung der Resultatfigur dienen[29]. Dieses Argument galt freilich nicht im alten Ägypten, wo die gesamte Baustelle sorgfältig vorbereitet, planiert und oft vollständig gepflastert wurde.

Außer der erwähnten Art der Konstruktion rechter Winkel mit Hilfe eines Sechsecks wurden auch aneinanderstoßende gleichseitige Dreiecke benutzt. Lösungen mit vier bzw. drei gleichseitigen Dreiecken sind in Abb. 29a bzw. 29b gezeigt; die Lösung in Abb. 29c benutzt nur ein Dreieck, dessen eine Seite um die eigene

Abb. 27. Allegorisches Wandgemälde von Giotto (mit Schülerhilfe) in Assisi (Anfang 14. Jh.)

Abb. 28. Konstruktionen im Gelände; Illustration aus dem Werk Mallets (1672), vgl. Anmerkung 28

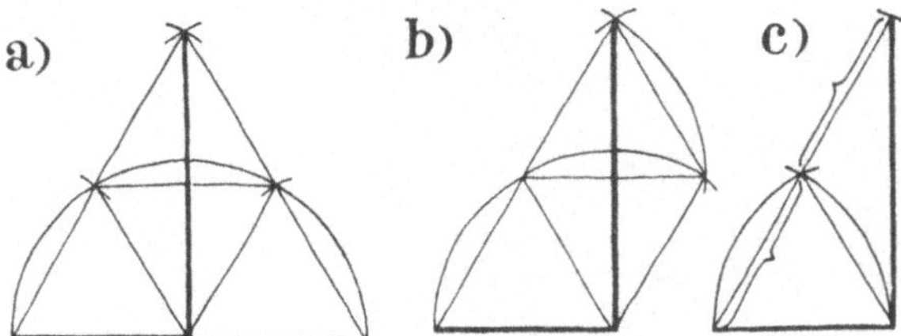

Abb. 29. Verschiedene Konstruktionsmöglichkeiten für rechte Winkel

Länge verlängert wird. Diese letzte Konstruktion ist besonders in dem Fall geeignet, wenn die Zeichenfläche gleich neben dem Scheitel des rechten Winkels endet.

Es sind uns zwar nicht viele, aber sichere Belege dafür erhalten geblieben, daß monumentale Bauten früher ein einfaches geometrisches Skelett hatten. Durch ein einfaches Netz regelmäßiger Dreiecke (sogenannte Triangulatur), Quadrate (sogenannte Quadratur), Sechs- oder Achtecke wurden die wichtigen Punkte des Grund- oder Aufrisses des entworfenen Gebäudes bestimmt. Die quadratischen Höfe alter Klöster, welche ringsum ein aus kleineren Quadraten gebildeter Kreuzgang abschließt, werden bis heute als Quadraturen bezeichnet. Ihre Grundrisse wurden nur mit Hilfe von Quadraten konstruiert. Beim Bau des Domes in Mailand gab es bereits von Anfang an einen Streit zwischen den einheimischen und den zu diesem Bau herbeigerufenen ausländischen Meistern. Gabriele Stornaloco[30], ein „Experte in arte geometriae“, bekam als Meister der Meßkunst die Oberaufsicht und sollte die endgültige Entscheidung fällen. Seine Triangulatur für den Schnitt der Kirche aus dem Jahre 1391 blieb durch Zufall erhalten (Abb. 30) und wurde 1895 durch Luca Beltrami[31] wiederentdeckt. Im Jahre 1398 gerieten die Meister beim Bau des Mailänder Domes erneut in Streit. Diesmal wurde als Richter Jean Mignot[32] aus Paris berufen. Die italienischen Meister hatten sich bei dem Bau dieses Domes, des südlichsten gotischen Domes in Europa, gegen die strenge geometrische Logik des gotischen Stiles[33] gewendet und die Meinung vertreten: „Quod scientia geome-

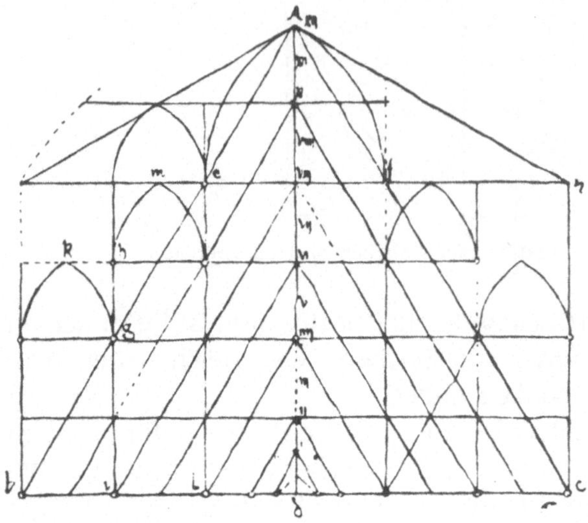

Abb. 30. Skizze der Triangulatur des Schnittes durch den Mailänder Dom von G. Stornaloco (1391)

triae non debet in iis locum habere et quia scientia est unum et ars est aliud" (die Wissenschaft der Geometrie hat an diesem Ort nichts zu suchen, weil Wissenschaft und Kunst zwei ganz verschiedene Dinge sind). Mignot aber erklärte ganz entschieden: „Ars sine scientia nihil est!" (Kunst ohne Wissenschaft ist nichts!) Als im Jahre 1521 in Como das bereits erwähnte Werk „De architectura" des römischen Architekten Vitruv durch Cesare Cesariano erstmals im Druck veröffentlicht wurde, benutzte dieser zur Erklärung der Begriffe Ichnographie und Orthographie den Grundriß und den Schnitt des Mailänder Domes (Abb. 31, 32). Im begleitenden Text wird ausführlich dargelegt, daß diese nach der Manier der deutschen Steinmetze durch Triangulatur entworfen worden sind. Der deutsche Kunsthistoriker G. Dehio[34] schreibt in seinem Buch „Ein Proportionsgesetz der antiken Baukunst", daß man das Wort deutsch hier im Sinne von gotisch, nordisch verstehen muß. Als 1548 die deutsche Übersetzung des Vitruv von W. Ryff (Rivius)[35] erschien, waren auch hier diese Begriffe durch

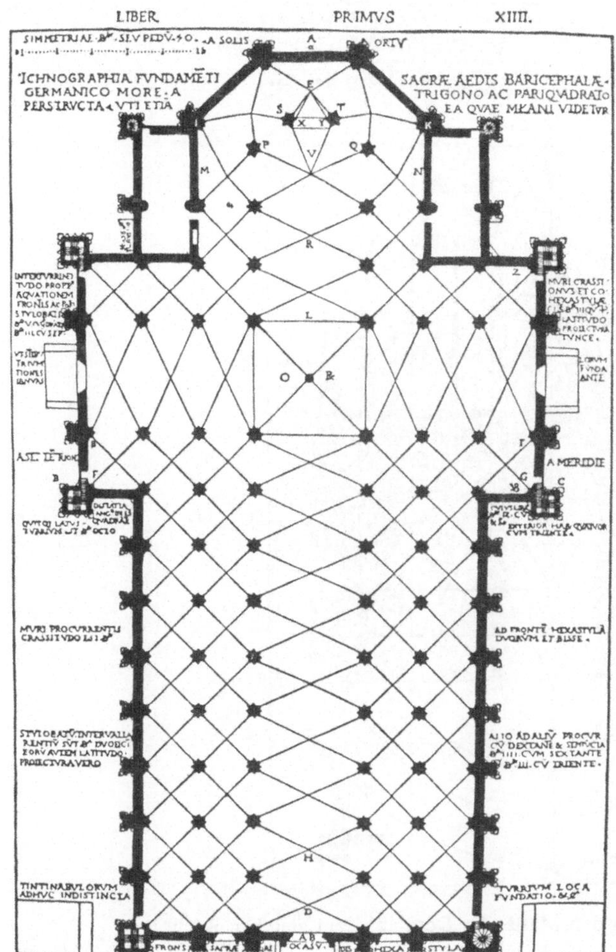

Abb. 31. Idealisierter Grundriß des Mailänder Domes aus dem von Cesariano 1521 herausgegebenen Werk von Vitruv

Risse des Mailänder Domes illustriert. In einem Bild (Abb. 33) ist nur die Triangulatur der grundsätzlichen Konstruktion ausgeführt, in einem zweiten Bild ist der Riß mit vielen Einzelheiten durchkonstruiert. Ein Vergleich der beiden Zeichnungen von Cesariano (Abb. 32) und Ryff (Abb. 33) verdeutlicht das unterschied-

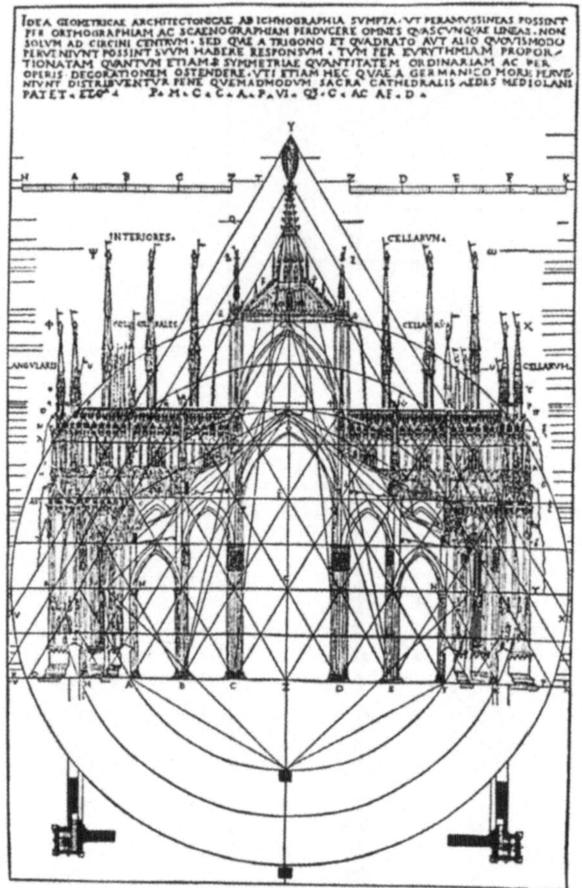

Abb. 32. Schnitt durch den Mailänder Dom aus dem gleichen Buch

liche künstlerische Empfinden südlich und nördlich der Alpen im 16. Jh.

Ein weiterer erhalten gebliebener Beleg für die Anwendung der Triangulatur ist der Stich des Architekten Floriano Ambrosini[36] aus dem Jahre 1592 (Abb. 34), der 1895 erstmals durch G. Dehio veröffentlicht wurde. Er betrifft die Kirche des Heiligen Petronius in Bologna, die 1388 begonnen wurde. Im 15. Jh. wurde der Bau

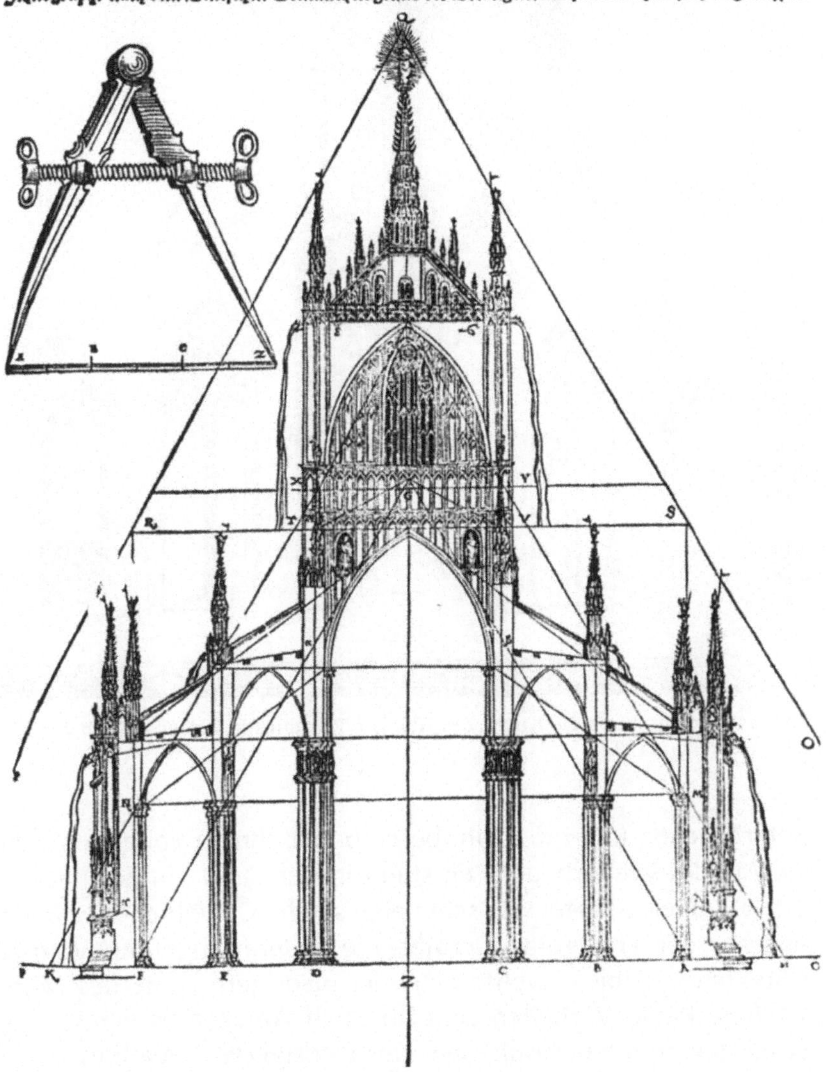

Abb. 33. Schnitt durch den Mailänder Dom aus der deutschen Übersetzung der „Architectura" des Vitruv von Ryff (1548)

Abb. 34. Schnitt durch die Kirche des Heiligen Petronius in Bologna; Stich von Floriano Ambrosini (1592)

unterbrochen und im 16. Jh. beschlossen, ihn zu vollenden. Über die Art des Weiterbauens entstand in der Stadt ein hartnäckiger Streit. Die eine Partei wünschte eine solche Gewölbehöhe, wie sie sich aus der Triangulatur ergibt, die andere, angeführt vom Architekten Terribilia, wollte eine viel niedrigere Höhe des Mittelschiffes. Beide Varianten sind im Stich Ambrosinis vereint; den Streit gewannen die Anhänger des niedrigeren Gewölbes.

Vor allem die Fronten der Gebäude wurden vom Standpunkt der Geometrie aus aufmerksam studiert. Das durch die sogenannte

Symmetrie bestimmte Verhältnis der Teile zum Ganzen[37] wurde streng eingehalten. Offensichtlich ist das z. B. an der Stirnseite der Cancellaria in Rom (Abb. 35), die von Donato d'Angelo Lazzari, genannt Bramante[59] (1444–1514) entworfen wurde. Es ist klar, daß das Wort Symmetrie im Laufe der Zeit seine Bedeutung geändert hat. Im erwähnten Beispiel bedeutet es noch die Vergleichbarkeit der Teile mit dem Ganzen, während man heute unter Symmetrie die Spiegelsymmetrie (oder Zentralsymmetrie) versteht. Daraus wird ersichtlich, daß wir beim Studium älterer Quellen sorgfältig die ursprünglichen Bedeutungen der Wörter beachten müssen und sie nur in diesem Sinne interpretieren dürfen.

Ebenso wie in der Architektur wurden auch die Zeichnungen von Figuren aus einer geometrischen Konstruktion entwickelt (Abb. 36, 37).

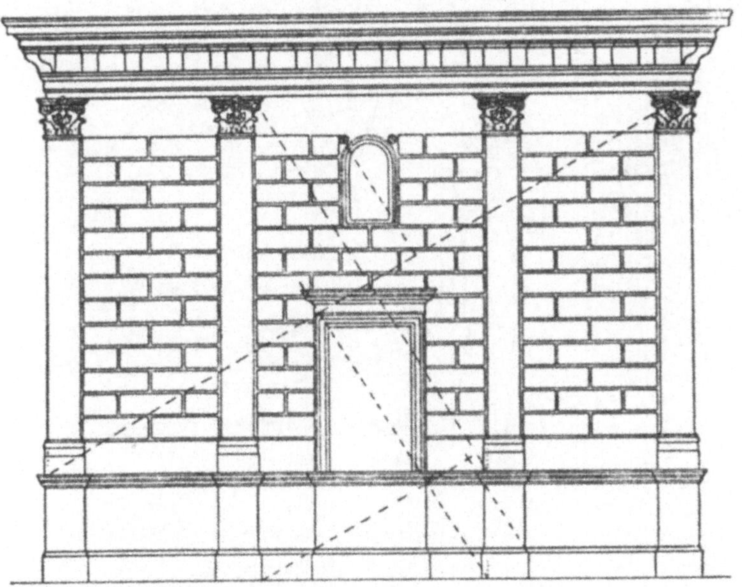

Abb. 35. Entwurf eines Teiles der Fassade der Cancellaria in Rom von D. Bramante

Abb. 36. Blatt aus dem Skizzenheft des Villard de Honnecourt

Abb. 37. Ein anderes Blatt aus dem Skizzenheft des Villard de Honnecourt

Der Triangulatur und Quadratur begegnen wir in unseren Ländern auch in der Form von Steinmetzzeichen auf gotischen Baudenkmalen. Aus den ursprünglich rein mönchischen Baukorporationen entwickelte sich im 13. und 14. Jh. das Laienbauwesen. Die Arbeiter vereinigten sich in Bauhütten; sie hatten ihre Privilegien, ihren Meister und ihren Parlier[38], den ersten nach dem Meister, der die Lehrlinge und Gesellen überwachte. Die Bauhütten erzogen sich in den Lehrlingen und Gesellen ihren eigenen Nachwuchs. Manche Bauhütte hatte sogar ihren Rektor: director fabricae. Er war der einzige, der in der Hütte noch über dem Meister stand. In Prag übte dieses Amt seinerzeit der Prager Erzbischof aus. Die Lehrlinge wurden unter anderem sorgfältig in der Geometrie und im geometrischen Zeichnen unterrichtet. Jeder von ihnen bekam ein besonderes Kennzeichen, das in eine Figur gezeichnet war, die entweder durch Wiederholung des einfachen Steinmetzzeichens der Bauhütte entsteht (Abb. 38), der sogenannten Wurzel (nach Ržiha[39]: Mutterfigur), oder seinen Ursprung in der Entwicklung der Wurzel zu einem Netz von zu ihren Grundgeraden parallelen Linien hat. Dieses Kennzeichen wurde den Lehrlingen anläßlich ihrer Erhebung in den Gesellenstand zugewiesen und, in ein Wappenfeld gezeichnet, von den Meistern mit Genehmigung der Obrigkeit als Wappen benutzt (Abb. 39).
Den Gesellen war damals vorgeschrieben, viel zu reisen, um auf diese Weise ihre Fach- und Allgemeinbildung zu erweitern. Sie hatten ihre spezielle Kleidung und auch besondere Stöcke. Wenn sie zu einer anderen Hütte kamen, mußten sie dreimal klopfen und drei Fragen richtig beantworten. Erst dann wurde ihnen das

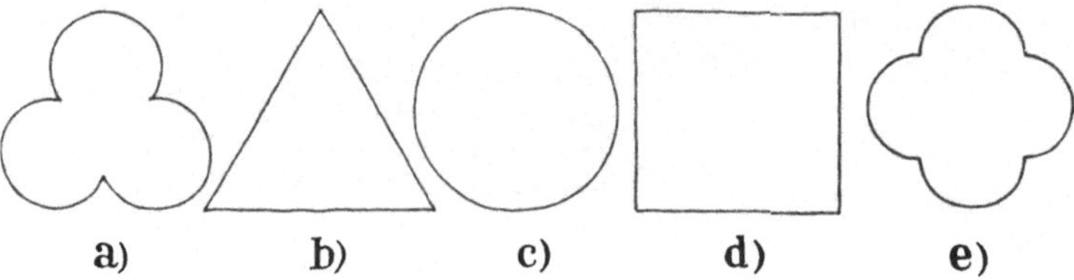

Abb. 38. Bauhütten-Kennzeichen: a) Prag, b) Köln, c) Zürich, d) Straßburg, e) Wien

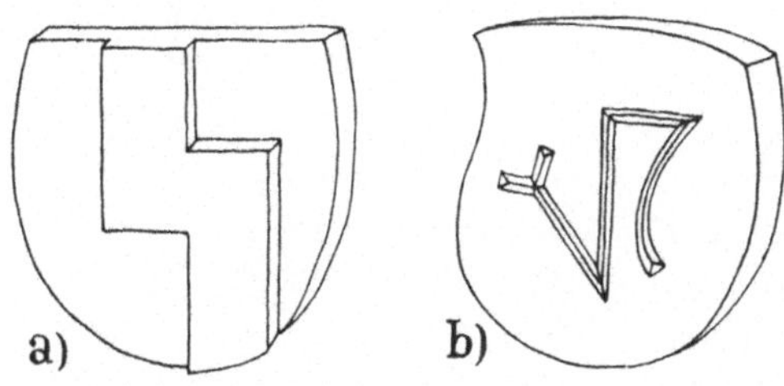

Abb. 39. Persönliche Kennzeichen von a) P. Parler und b) A. Pilgram in Kartuschen von Wappenform

Tor der Hütte geöffnet, aber angenommen wurden sie nach dieser ersten Prüfung noch nicht. Erst hatten sie sich mit ihrem Kennzeichen auszuweisen und auf einem vorbereiteten Stein eine Prüfung in Geometrie abzulegen. Sie wiesen sich aus durch das Zeichen der Wurzel, die sie entweder entwickelten (Abb. 40 a) oder potenzierten(d. h. einigemal durch geometrische Transformation wie Drehung oder Spiegelung aneinanderreihten, Abb. 40 b), und in die auf diese Weise vorbereitete Unterlage mußten sie – auf die erste oder zweite Weise oder mittels einer Komposition beider Methoden (Abb. 41) – ihr persönliches Kenn-

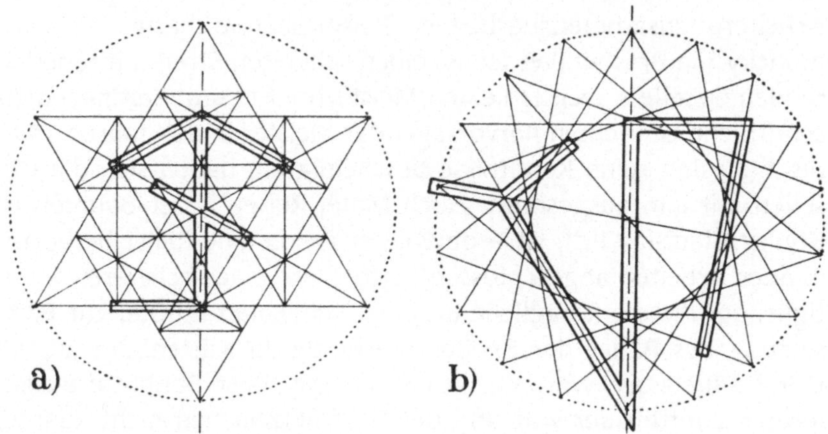

Abb. 40. Konstruktion eines Steinmetzzeichens a) mittels Entwicklung der Mutterfigur, b) mittels Wiederholung der Mutterfigur (Wurzel)

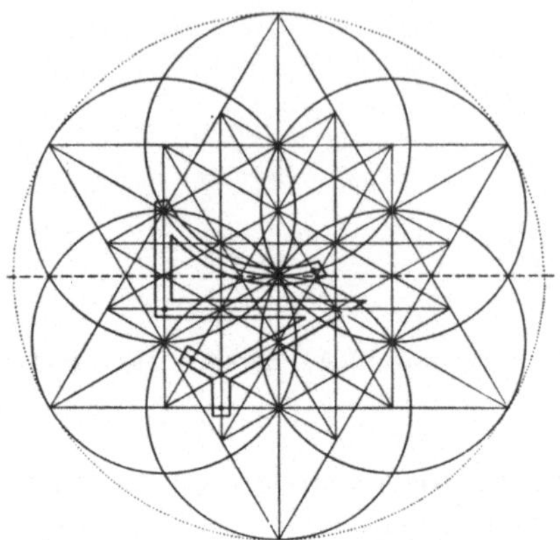

Abb. 41. Konstruktion eines Steinmetzzeichens mittels Entwicklung und Wiederholung der Wurzel

zeichen einschlagen. Schließlich hatten sie auch noch zu erklären, wie sie zu ihm gekommen sind. Erst nach erfolgreichem Bestehen dieser Prüfungen wurden sie willkommen geheißen, in die Hütte aufgenommen und erhielten Unterkunft sowie Arbeit.

Die Bauhütten hüteten ihre Kenntnisse eifersüchtig, und ihre Fachleute wehrten sich heftig dagegen, mit nicht ausgelernten Arbeitern zusammenzuarbeiten. Beispielsweise hatte Jan Olomoucký[40] in Breslau (Wrocław) einen schweren Streit mit rebellierenden Gesellen, weil er keinen Meisterbrief besaß. Erst nachdem schriftliche Gutachten hervorragender Meister in den Jahren 1497 bis 1499 ihm seine Kenntnisse bescheinigten, haben sich die Gesellen mit ihm ausgesöhnt. Auch Matěj Rejsek[41], der Baumeister Königs Vladislav II.[42], ist – obwohl er schon eine Reihe hervorragender Arbeiten abgeschlossen hatte – erst nach schweren Streitigkeiten, die die königliche Kammer schlichten mußte, zur Fortsetzung des Baues der St.-Barbara-Kirche in Kuttenberg (Kutná Hora) zugelassen worden, weil er kein in einer Bauhütte ausgelernter Zunftbruder war und die Steinmetzzeichen nicht kannte.

Eine bewunderungswürdige Arbeit und sehr viel Mühe hat Franz Ržiha (vgl. Anmerkung 39) der Geschichte dieser Zeichen gewidmet. Im Laufe von 25 Jahren sammelte er Tausende Steinmetzzeichen (Abb. 40, 41, 42), und es gelang ihm, sie sämtlich in einige einfache Dreiecks-, Quadrat- und Kreisnetze einzubetten. Auf einer Versammlung des Vereins der Ingenieure und Architekten in

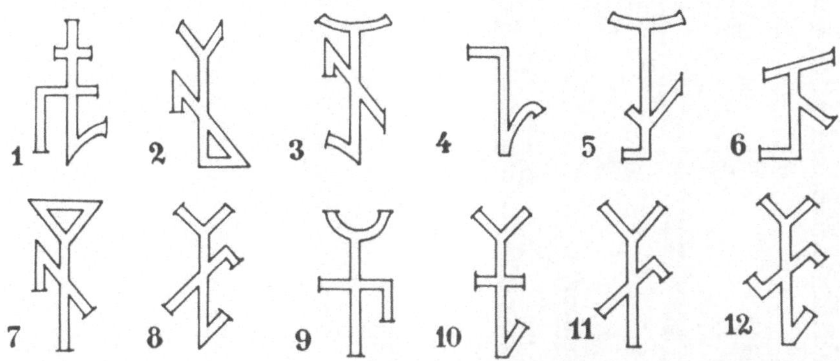

Abb. 42. Steinmetzzeichen aus dem Rathaus in Brno (1 bis 6), aus Pernštýn (7 bis 9), aus Doubravník, Olomouc und Lodenice

Wien im Jahre 1881, an der auch Baron von Schmidt teilnahm, der letzte in einer Bauhütte ausgelernte Meister und zugleich Baumeister des Wiener Stephansdomes, trug Ržiha über seine Forschungen vor und resümierte: Das Geheimnis der Bauhütten bestand in der Kenntnis der Methoden und Verfahren, alle Steinmetzzeichen auf der Grundlage der Elementargeometrie zu konstruieren. Unkenntnis in diesen Dingen mußte einen Uneingeweihten und nicht in einer Hütte Ausgebildeten sofort verraten. V. Schmidt erklärte dazu nach Worten der Bewunderung: Ja, so ist es!

Ein verhältnismäßig kurzer Zeitabschnitt trennt uns von jener Zeit, aber ohne die erstaunliche Zähigkeit von Ržiha und ohne die Zeugenaussage von v. Schmidt wäre heute jede Deutung der Steinmetzzeichen, deren Grundlage – nämlich die Elementargeometrie – so einfach ist, nur eine mehr oder weniger wahrscheinliche Vermutung.

Abb. 43. Steinmetzzeichen aus der Kirche St. Bartholomäus in Kolín (Gipsabguß)

Es ist offensichtlich, daß in den Bauhütten das sehr genaue geometrische Zeichnen blühte. Eine Reihe dieser Zeichnungen ist uns überliefert. Als Beispiel zeigen wir einen Teil der Zeichnung für den zweiten, nie gebauten Turm des Stephansdomes (Abb. 44). Diese Zeichnung ist auf einem fast 6 m langen Pergamentbogen ausgeführt worden und befindet sich jetzt in einem Archiv in Wien. Sie wurde früher A. Pilgram[43] zugeschrieben, aber nach dem auf ihr befindlichen Kennzeichen ist es eine Arbeit von Hans Zierholt (1540?–1566)[44].

Am Anfang der Neuzeit[45], als für manche Bauhütten, in denen sich auch die Holzschnitzer, Maler, Glasmeister und andere am Kirchenbau beteiligte Künstler organisiert hatten, Mangel an Arbeit bestand, sattelten viele von ihnen auf die damals neu entstandene Kunst des Buchdruckens um, und manche behielten da-

Abb. 44. Aufriß des Turmes des Stephansdomes in Wien von H. Zierholt

bei ihre alten Kennzeichen. Deshalb begegnen wir auch unter den Zeichen der Buchdrucker (Abb. 45) solchen, die mit den Steinmetzzeichen sehr nahe verwandt sind.

Einige Fachschriftsteller vermuten, daß die Triangulatur die Grundlage der Pläne aller alten Bauten war, daß sie das Verhältnis der Teile zum Ganzen bestimmte und den Bauten das typische

Abb. 45. Buchdruckerzeichen von Jan Štyrsa in Mladá Boleslav (um 1537)

Gepräge gab. In der Neuzeit versuchte die Malschule der Benediktiner in Beuron[46], die Triangulatur in die Malerei einzuführen. Ein Beispiel einer Konstruktion eines Kopfes stellt die Abb. 46 vor.

Auch im Alten Testament, einem der wichtigsten Dokumente der Kultur, sind Bezüge zur Geometrie enthalten, und zwar besonders im Buch Ezechiel[47]. Im Kap. 9, Vers 4, werden die Auserwählten – electi Dei – an der Stirn mit dem Zeichen *T*, der Form des Winkelmaßes, bezeichnet. In Kap. 40, Vers 3, beginnt die Erzählung von der Vermessung des Tempels durch einen Mann, der „eine leinene Schnur und eine Meßrute in seiner Hand" hatte. Die apokryphen Evangelien[48], z. B. der Kodex Middoth, sind voll von solchen Beziehungen. Nirgendwo aber erwähnen die Verfasser die Vermessung – d. h. die geometrische Gründung – der verschiedenen Vorräume. Dabei ist es interessant, daß die große Vorhalle des Tempels in Jerusalem, die auch Andersgläubigen zugänglich war, nicht rechtwinklig ist. Derselbe Sachverhalt läßt sich auch bei ägyptischen Tempeln finden, z. B. beim Amon-Tempel in Luxor,

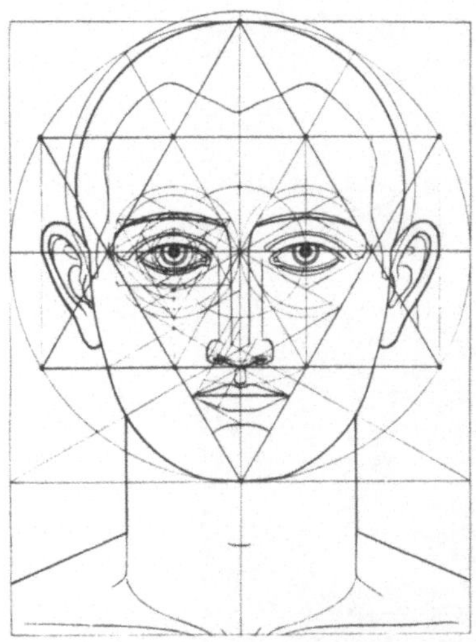

Abb. 46. Konstruktion eines Kopfes (Beuroner Malerschule)

dessen Vorhalle einen Grundriß in Form eines schiefwinkligen Parallelogramms hat. Dieser Grundriß unterscheidet sich auffällig von den rechteckigen Grundrissen anderer Teile des Tempels. Es ist daher klar, daß die unregelmäßige Form der Vorhalle nicht aus Unkenntnis oder Versäumnis, sondern aus rituellen Gründen gewählt wurde.

Eine ähnliche Abweichung von der Regelmäßigkeit finden wir bei romanischen und gotischen Kirchen, bei denen meist der nördliche Turm in Höhe und Grundriß kleiner ist als der südliche. Ersichtlich ist dies beispielsweise an der St.-Georgs-Kirche[49] auf dem Hradschin und auch an der Teynkirche in der Prager Altstadt (Abb. 47). Der südliche Turm stellt hier einen stärkeren, der Sonnenglut ausgesetzten Mann dar, der nördliche Turm das schwächere, vom Mann geschützte Weib. Bei der St.-Georgs-Basilika heißt bis heute der südliche Turm Adam und der nördliche Turm Eva. Es ist nicht ausgeschlossen, daß die ungleichen Türme der alten Kathedralen sich aus den Eingangssäulen kleinasiatischer Tempel entwickelt haben. Eine Säule wurde dort durch den

Abb. 47. Teynkirche – eigentlich Kirche der Jungfrau Maria vor Teyn – in Prag (zu Beginn des 15. Jh. bis zur Galerie fertiggestellt)

männlichen Kopf und das Glied, die andere durch den weiblichen Kopf und die Brüste geschmückt. Ähnliche Säulen wurden auch bei häuslichen Riten benutzt, und häufig gesellte sich dann dazu ein drittes kleines Säulchen, welches das Kind darstellte.

In früheren Zeiten wurden Militärlager und Städte in Form eines

Quadrats angelegt. So war das alte Rom „Roma quadrata“. Die aus ursprünglichen Militärlagern entstandenen Städte haben oft zwei sich senkrecht kreuzende Hauptstraßen: cardo und decumanus[50] (so hießen die Mittellinien des quadratischen Lagers).

Die Gründung der Lager hat sich in der Zeremonie des Einsegnens von Friedhöfen erhalten, wie sie das Pontificale Romanum[51] vorschreibt: Der Bischof rammt in der Mitte des neuen Friedhofs einen Pflock ein, legt zu ihm ein Kreuz der alten Form, d.h. in der Form des Buchstaben *T*, und drei Kerzen. Dann deutet er mit dem Bischofsstab die Friedhofsachse an, an deren Endpunkten wieder Pflöcke in die Erde geschlagen und Kreuze sowie je drei Kerzen niedergelegt werden. Nachdem dies geschehen ist, macht der Bischof mit seinem Stab die andere Achse kenntlich und begrenzt sie ebenso wie die erste Achse. Zum Schluß werden alle fünf Kreuze aufgerichtet und an ihren waagerechten Balken die vorbereiteten Kerzen befestigt und angezündet. Im Grunde ist das weniger ein religiöser als vielmehr ein geometrischer Akt, der sich hier vielleicht in seiner ursprünglichsten Form erhalten hat.

3. Quadrat und Quadratnetz

Das Quadratnetz ist der geometrische Ausdruck der alten lateinischen Devise: „Divide et impera!“ (Teile und herrsche!)[52] Eine sehr wichtige Funktion des Quadratnetzes ist die der Übertragung. Eine durch das Quadratnetz in kleine Einheiten zerlegte Zeichnung beherrschen wir in diesen kleinen Teilen leicht und können

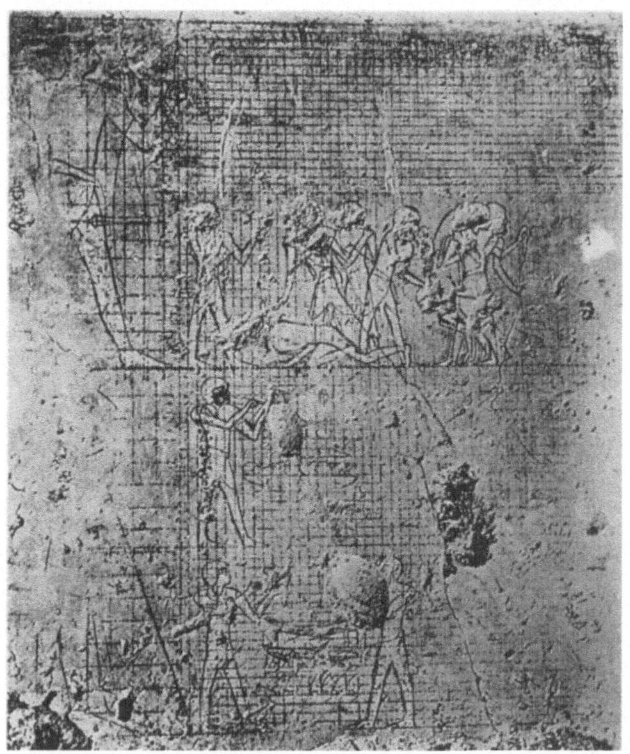

Abb. 48. Entwurf einer Wandmalerei aus dem Grab des Suemnut in Abd-el-Kurna (um 1435 v. u. Z.)

sie entweder in ein anderes Netz gleicher Größe übertragen – transportieren – oder dabei gleichzeitig im Maßstab verändern, wenn das neue Netz entsprechend größere bzw. kleinere Kantenlängen besitzt. Einer solchen Benutzung der Quadratnetze begegnet man heute ebenso wie in längst vergangenen Zeiten, als das Netz auch noch eine wichtige kanonische Bedeutung hatte, weil es die gegenseitigen Größenverhältnisse der gezeichneten Personen und Tiere bestimmte (Abb. 48, 49). Durch solche Netze wurde das ursprünglich benutzte einfache, aus den zur Bildachse senkrechten Linien bestehende Skelett der Bilder ersetzt. Dies sehen wir z. B. auf der Rückseite des Steines, aus dem der Königskopf (Abb. 11) gemeißelt wurde.

Für die Maler der Frührenaissance teilte ein Quadratnetz den

Abb. 49. Fischfang und Jagd auf Wasservögel (Grab des Suemnut in Abd-el Kurna, um 1435 v. u. Z.)

Blick auf Architekturensembles oder Landschaften in kleine Teile, die sich zeichnerisch leichter wiedergeben ließen. Das Netz wurde dazu in feine durchsichtige Schleier eingewebt, welche der Maler zwischen seinem Auge und dem zu malenden Gegenstand ausspannte. Später benutzte man Netze aus Fäden bzw. Glasscheiben, wobei die Netze aufgemalt bzw. eingeritzt waren (Abb. 50).

Ein in die horizontale Ebene gelegtes quadratisches Pflaster, italienisch „pavimento", teilte dem Maler genau den Raum auf, den er abbilden wollte. Dabei verfuhr man immer so, daß die Fugen des Pflasters parallel zur Bildebene gelegt wurden. Richtig war jene Darstellung dieses Quadratnetzes, bei der auch die sich ergebenden Diagonalen geradlinig ausfielen[53]. Gleichfalls richtig war auch die Lösung, welche auf einer Hilfszeichnung beruhte, in der der senkrecht zu den Ebenen des Bildes und des Pflasters durch

Abb. 50. Zeichnen einer Landschaft (Holzschnitt aus der Perspektive von H. Rodler[A4], 1531)

Abb. 51. Leonardo da Vinci: Teil einer Skizze zum Bild Anbetung der drei Könige

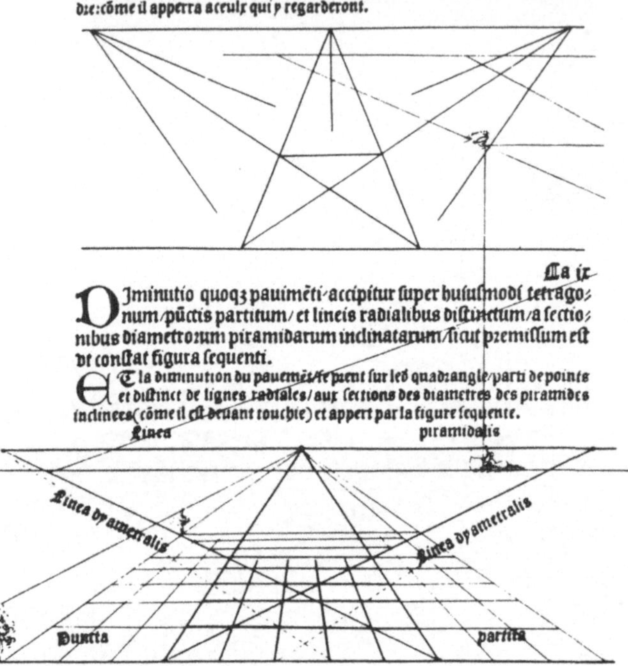

¶ Lautre figure apres mise contient le quadrangle sans circũference spherales demonstrãs les pyramides premises: Lesquelles toutesfoiz en toutes les autres semblables figures ne seront pas entierement mises: mais ce seulement dicelles que sera necessaire. Combien quil les faille tousiours soubzfaindre ou soubzentendre: cõme il apperra a ceulx qui y regarderont.

La ix

Diminutio quoq3 pauimẽti accipitur super huiusmodi tetragonum / pũctis partitum / et lineis radialibus distinctum / a sectionibus diametrorum piramidarum inclinatarum / sicut premissum est ut constat figura sequenti.

Et la diminution du pauemẽt se prent sur led quadrangle / parti de points et distinct de lignes radiales / aux sections des diametres des piramides inclinees (cõme il est deuant touchie) et appert par la figure sequente.

Abb. 52. Seite aus der Perspektive von Viator (1509, vgl. Anmerkung 57)

das Auge verlaufende Schnitt skizziert wurde. Diese beiden alten florentinischen Methoden behandelte L. B. Alberti[54] in seinem Traktat „Della pittura libri tre" aus dem Jahre 1436. Die zweite Methode behandelte erneut A. Averlino Filarete[55] in seinem Traktat über die Bau- und Zeichenkunst aus den Jahren 1457 bis 1464. Nach diesen Methoden wurde die bildliche Darstellung von Architektur in den Werken der alten Meister bewältigt; das beweist die erhalten gebliebene Skizze von Leonardo da Vinci[56](Abb. 51) zu dem Bild „Anbetung der drei Könige", die zugleich Leonardos große Reife im Zeichnen zeigt. Am besten bewahrt ist die Me-

¶ Qui planiciei campeſtris ſpacia diminuere voluerit: protracte lineis rectis pauimenti ſufficti/intentū habebit. Niſi alia geometrali induſtria id facere pernouerit.
¶ Et qui veult limiter les diſtances deſpace chāpeſtre/en pourtraiāt les droites lignes de pauemēt ſoubzſaint/aura ſon intencion: ſe par autre geometrale induſtrie naura cogneu le faire.

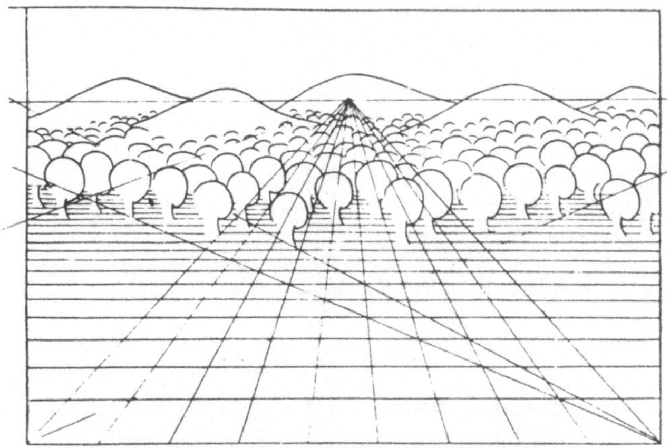

¶ Quantitas vero ſeu minoratio perſonarū: duobus modis accipitur aut eni ex cōmuni: aut ex eleuata ſede conſpiciuntur. Si ex ſede cōmuni: a ſitu pedum earum capiuntur/ et linea piramidali. Quam eciam lineam perſone huiuſmodi poſſunt a luminibus ſurſum excedere: vel amplius in prolerioze/aut gigantea magnitudine.
¶ Et quant ala quātite ou minoration des perſonnes(dont les pluſeſloignees apperent a lueil/ moindres que les prochaines) elle eſt priſe en deux manieres. Car on les puet regarder de ſiege commun/ou de ſiege eſleue. Se on les voit de

Abb. 53. Zugehörige Gegenseite, die mit der vorhergehenden eine Einheit bildet

thode der Quadratnetze im ersten gedruckten französischen Werk über Perspektive „De Artificiali Perspectiva" aus dem Jahre 1505 von Jean Pélerin[57], genannt le Viator, Kanoniker in Toul. Die aus diesem Buch entnommenen Abb. 52, 53 und 54 sind so klar, daß sie keiner besonderen Erläuterung bedürfen.

Andere Meister überlegten zwar richtig, daß sich im Bild die weiter entfernten Pflasterreihen enger zeigen müssen als die im Vordergrund befindlichen; da sie aber die Verkleinerung nach einem willkürlich gewählten Gesetz ausführten, ergab sich der Fehler, daß die Diagonalen des Pflasterbildes nicht geradlinig, sondern gekrümmt waren (Abb. 55). Jene Maler, welche die geometrische

Abb. 54. Bestimmung der richtigen Höhe für Personen (aus der Perspektive von Viator, 1509)

Lösung des Problems nicht kannten – vermutlich ahnten sie in ihm den Schlüssel zur perspektivisch richtigen Darstellung des Raumes – zeichneten ihre Pflaster nach zufällig aufgestellten Vorschriften, um dem nach florentinischer Manier konstruierten Pflaster möglichst nahe zu kommen. Ein typisches Beispiel hierfür ist das Bild (Abb. 56) eines niedersächsischen Meisters aus dem Jahre 1410.

Unter Zuhilfenahme eines Quadratnetzes bewältigten die Barockmaler ihre großen Perspektiven auf den Deckengewölben und an den Seitenwänden der Säle. Für eine Malerei auf dem Gewölbe wurde zunächst eine ebene Skizze vorbereitet und durch ein Netz in kleine Quadrate zerlegt. Dann spannte man unter dem Gewölbe ein entsprechendes Quadratnetz aus Schnüren auf (Abb. 57). Von demjenigen Punkt, aus welchem die fertige Malerei betrachtet werden sollte, wurde mittels einer brennenden Fackel der Schatten des Netzes auf das Gewölbe projiziert und dort mit Kohlestift nachgezogen. In solch ein auf dem Gewölbe vorbereitetes unregelmäßiges Netz wurde schließlich das Bild nach der Skizze, und zwar unter ständiger Beobachtung und Korrektur vom Betrachterstandpunkt aus, stückweise übertragen. Das Qua-

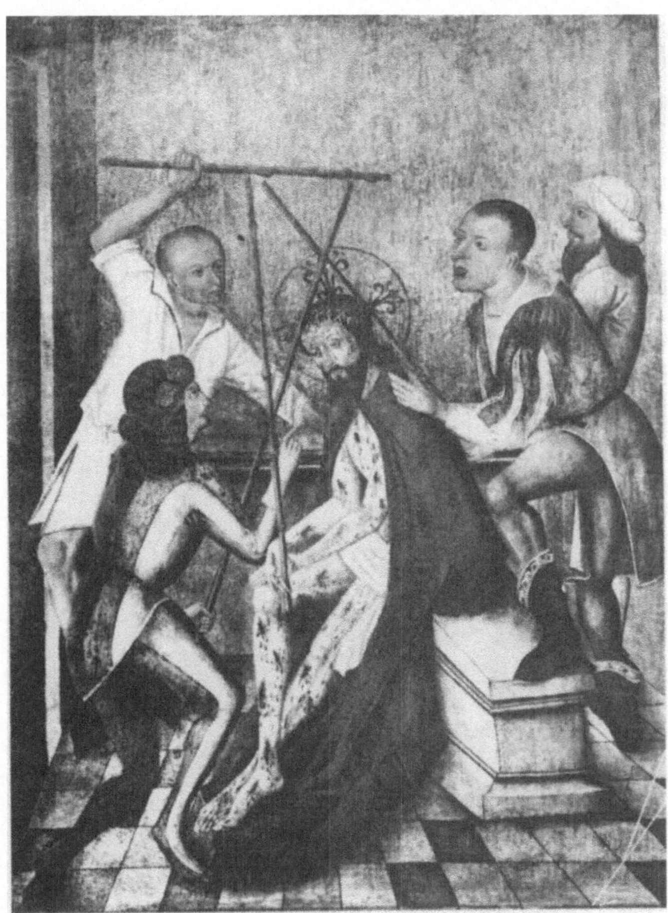

Abb. 55. Tafelbild aus der Arche[A5] von Jílové (unbekannter alttschechischer Meister um 1490)

dratnetz lieferte auch die Lösung für die sogenannte kuriose Perspektive (Abb. 58). Das Bild *BCDE* ist in Quadrate zerlegt worden. Dieses Quadratnetz wird dann aus dem gewünschten Betrachterstandpunkt *A* an die Seitenwand des Saales projiziert. (Der Leser möge sich die obere Hälfte des Bildes (LXVI) nach links verlängert denken durch die untere Hälfte (LXVII).) In dieses sehr

Abb. 56. Tafelbild aus Lüneburg (unbekannter niedersächsischer Meister, 1410)

verzerrte Bild des Quadratnetzes wird dann nach der Vorlage *BCDE* stückweise sein verzerrtes Abbild eingetragen. Vom Betrachterstandpunkt *A* aus bot es sich unverzerrt dar. So bieten auch die auf den ersten Blick unregelmäßigen Edelanwürfe – stucco lustro[58] – manchmal, wenn sie von einem bestimmten Punkt aus betrachtet werden, zum Erstaunen des Betrachters den Anblick von Heiligenbildern und ähnlichem dar. Mit analogen

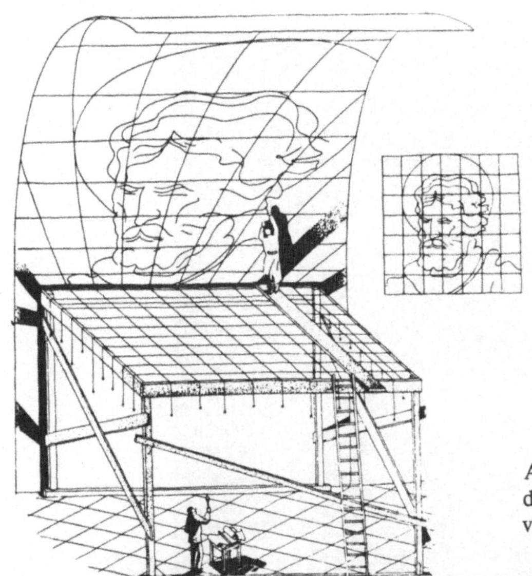

Abb. 57. Schematische Darstellung des Vorgehens bei der Ausmalung von Deckengewölben

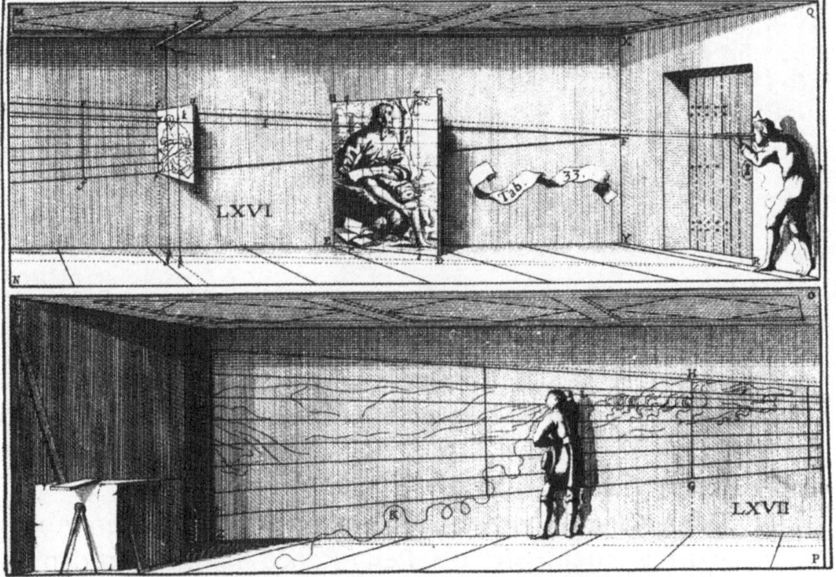

Abb. 58. Tafel 33 aus der „Perspective curieuse“ von J. F. Niceron[A6] (1652)

Abb. 59. Blick auf das Relief, durch das die Apsis der Kirche St. Maria bei St. Satiro in Mailand ersetzt wurde (Ende 15. Jh.)

Methoden, unter Zuhilfenahme von Quadratnetzen und ihren verzerrten Abbildungen, wurden seinerzeit auch die schief zum Zuschauer aufgestellten bzw. aufgehängten Kulissen und Soffitten des barocken Theaters bemalt.

Mittels eines Quadratnetzes und seiner perspektivischen Abbildung riefen die Baumeister der Renaissance mitunter an den Innenwänden von Gebäuden die Illusion eines sich dahinter weiter

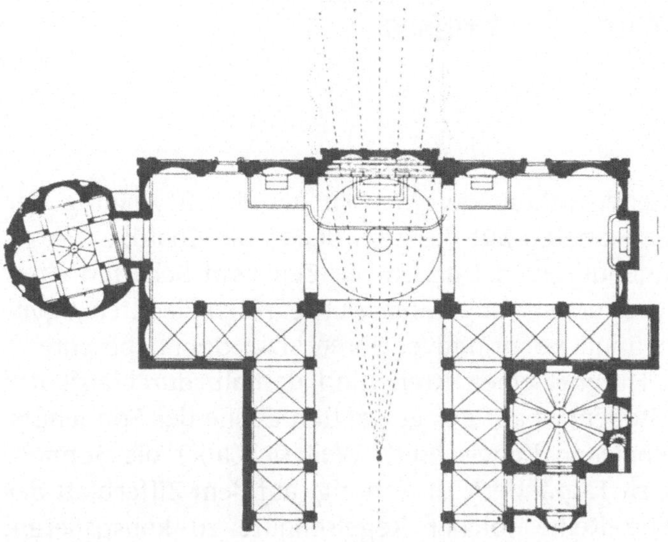

Abb. 60. Grundriß der Kirche St. Maria bei St. Satiro mit Ergänzung der Apsis, wie sie durch das Relief einem Betrachter im eingezeichneten Standort vorgetäuscht wird

ausdehnenden Innenraumes hervor. Wahrscheinlich ist dies auch die geheime Methode, mit deren Hilfe Donato d'Angelo Lazzari, genannt Bramante[59] (1444–1514), das wunderschöne perspektive Relief konstruiert hat, durch das er die gesamte Apsis[60] der St.-Marien-Kirche bei St. Satiro in Mailand ersetzte, als er diese Kirche im Jahre 1482 rekonstruierte (Abb. 59, 60). Die gesamte Apsis ist hier auf ein Relief von der Dicke einer Mauer abgebildet, eine bahnbrechende Leistung, mit der Bramante der theoretischen Ausarbeitung der Reliefperspektive um fast 400 Jahre vorauseilte[61].

4. Projektionen des Kreises

Seit uralten Zeiten schloß der Mensch aus der Bewegung der Sonne und der Planeten auf die Zeit. Schon die Chaldäer[62] konstruierten Sonnenuhren, bei denen die Zeit vom Schatten eines Stabes – des Gnomons – abgelesen wurde. Auch die alten Ägypter benutzten ähnliche primitive Uhren. Die Sonne beschreibt scheinbar am Himmel einen Kreis, und deshalb durchläuft der Schatten des Stabendes auf der gewählten Ebene der Sonnenuhr im allgemeinen einen Kegelschnitt. Weil sich aber die Sonnenbahn von Tag zu Tag ändert, ist es nötig, auf dem Zifferblatt der Sonnenuhr eine Reihe solcher Kegelschnitte zu konstruieren, längs deren sich der geworfene Schatten der Gnomonspitze zu bestimmten Jahreszeiten bewegt (Abb. 61). Die Sonnenuhren wa-

Abb. 61. Entwurf einer Sonnenuhr aus dem Buch zur „Sonnen-Uhr-Kunst“ von J. J. Schübler (1726), vgl. [31]

ren sehr verbreitet und beliebt. Anweisungen zu ihrer Konstruktion freilich – der Gewohnheit der Zeit entsprechend waren das lediglich Vorschriften ohne Begründung – finden wir erst in Kalendern aus der zweiten Hälfte des 16. Jh. Man schmückte mit diesen Uhren die Wände von Kirchen und Schlössern. In England benutzt man noch heute Sonnenuhren als Schmuck von Gärten alter Schlösser oder auch moderner Villen[63]. In Prag hat sich eine Anzahl alter Sonnenuhren erhalten, z. B. an den Wänden des Klementinums[64], am Turm der Kirche „Glorreiche Jungfrau Maria"[65] usw.

Wenn wir auf der Kugeloberfläche einen Punkt als Projektionszentrum wählen und die Tangentialebene im diametral gegenüberliegenden Punkt als Bildebene nehmen, dann projiziert sich jeder Kreis der Kugeloberfläche in der Bildebene als Kreis bzw. eventuell als Gerade[66]. Diese als stereographische Projektion bezeichnete Abbildung der Kugelfläche auf eine Ebene ist sehr alt. Ihre Entdeckung wird Hipparchos von Nikaia (um 190–um 125

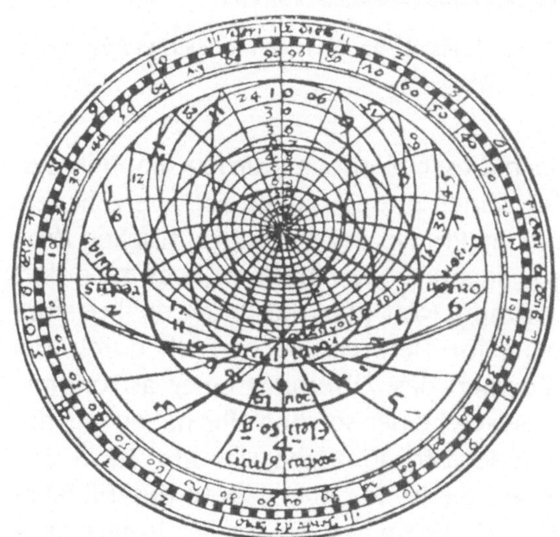

Abb. 62. Astrolabium (Holzschnitt aus einem Kalender aus dem Jahre 1553)

Abb. 63. Mittelteil der astronomischen Kunstuhr am Altstädter Rathaus in Prag (Ende 15. Jh.)

v. u. Z.) zugeschrieben. Nach dieser Methode wurden schon in der Antike Karten des mit Meridianen und Parallelkreisen versehenen Sternhimmels hergestellt. Das Prinzip der stereographischen Projektion des (kugelförmig gedachten) Sternhimmels liegt auch den Astrolabien (Abb. 62) zugrunde. Ruft man auf ihnen die kreisförmige Bewegung der Sonne im Tierkreis mechanisch durch ein Uhrwerk hervor, so erhält man das Zifferblatt einer astronomischen Uhr. Als ein frühes Beispiel einer solchen Uhr haben wir die berühmte und wunderschöne astronomische Uhr am Turm des Altstädter Rathauses in Prag, die in den 90er Jahren des 15. Jahrhunderts von Magister Hanuš, Mathematiker an der Prager Universität, konstruiert wurde[67](Abb. 63). Die Sonne und der Mond, die sich auf ein und demselben Zifferblatt bewegen, bestimmen in ihrer Stellung zum Tierkreis die tschechischen, deutschen und jüdischen Stunden und die Sternzeit[68], ferner die Höhen der Sonne sowie des Mondes, seine Phase und die Sternbilder, in denen Sonne und Mond jeweils stehen. Die Teilung des Zifferblattes bestimmt Sonnenaufgang und Sonnenuntergang, die Länge der Morgendämmerung, des Tages und der Abenddämmerung. Jan Táborský z Klokotské Hory, der die Prager astronomische Uhr zwölf Jahre lang wartete, hat im Jahre 1570 eine genaue Beschreibung des Uhrwerks samt Anweisung, wie es gesteuert werden soll, zusammengestellt. Nach dem Jahre 1760 beabsichtigte man, dieses wertvolle Kulturdenkmal zu verschrotten. Vor dieser Vernichtung wurde sie durch den damaligen stellvertretenden Bürgermeister V. Fischer bewahrt und schließlich 1787 mit Unterstützung von A. Strnad restauriert[69].

5. Schlußwort des Autors

Ich habe mich bemüht, auf Grund überlieferter Nachweise das Alter der einfachsten genauen Abbildungsmethode, der orthogonalen Projektion, zu erfassen. Außerdem habe ich angedeutet, wie die einfachsten geometrischen Mittel schöpferische Persönlichkeiten sowohl im Bereich der Architektur als auch der Malerei zu bemerkenswerten Leistungen befähigt haben. Wir bewundern heute die ungewöhnliche Reife im geometrischen Zeichnen, welche der neunzehnjährige Raffael (1483–1520) in seiner auf genauer Konstruktion beruhenden Zeichnung zum Bild „Mariä Verkündigung" (Abb. 64) bewiesen hat. Wir stehen in ehrfürchtiger Bewunderung vor den sehr genauen Bauzeichnungen, die aus der Zeit Peter Par-

Abb. 64. Skizze Raffaels zu seinem Bild Mariä Verkündigung (Anfang 16. Jh.)

lers[70] von der Prager Bauhütte für den Bau des St.-Veits-Domes stammen und von dort schon im zweiten Jahrzehnt des 15. Jh. in den Besitz der Wiener St.-Stephans-Bauhütte gelangten. Jetzt werden diese Risse im Archiv der Akademie der Bildenden Künste in Wien aufbewahrt. Der Schnitt durch die St.-Siegmund-Kapelle ist auf einem Pergament vom Format 132 cm × 52,5 cm im Maßstab 1:36 ausgeführt (Abb. 65). Ein anderes Pergament, auf dessen Vorderseite der ursprüngliche Zustand des Fensters der Hasenburkschen Kapelle und die Stirnwand des Domsaales gezeichnet sind und auf dessen Rückseite der Aufriß des nach dem Querschiff gerichteten Teiles der Ostwand des Turmes abgebildet ist, hat die Größe 106 cm × 93 cm und den Maßstab 1:24. Beim Umbau des Turmes sind die in der Zeichnung dargestellten vier steinernen Pfeiler, welche das Fenster des ersten Glockenstuhls teilten, beseitigt und durch ein Renaissancegitter ersetzt worden (Abb. 66, 67). Das Zeichnen und die Geometrie waren in der Gotik und in den nachfolgenden Epochen sehr beliebt, so daß man oft sogar leichte Rechnungen durch eine geometrische Konstruktion ersetzte[71]. Allmählich wurden die von den Praktikern gefundenen Lösungen der grundlegenden Aufgaben im Druck veröffentlicht. Die sorgfältig geheimgehaltenen, auf geometrischen Konstruktionen – Triangulatur, Quadratur u. a. – beruhenden Verfahren der Bauhütten wurden schließlich ebenso der Öffentlichkeit zugänglich wie die lange geheimgehaltenen Anweisungen zur Konstruktion korrekter perspektivischer Bilder. Manche Regeln sind sicher bis heute verborgen geblieben und werden, falls den Historikern nicht ein Zufall zu Hilfe kommt, auch in Zukunft im Dunkeln bleiben. Vergleichen wir jene Tafel (Abb. 68) aus dem ersten in England gedruckten Buch über Perspektive von Cauls[72], in der erklärt wird, wie man an einer Wand Inschriften so anbringt, daß die in verschiedenen Höhen befindlichen Zeilen auf einen Betrachter den Anschein gleicher Größe erwecken, mit dem Foto (Abb. 69) des Rathausturmes in der Prager Neustadt: Wir sehen, daß sich in Augenhöhe eines erwachsenen

Abb. 65. Schnitt durch die St.-Siegmund-Kapelle am Veitsdom auf dem Prager Hradschin (aus der Zeit Peter Parlers, 2. Hälfte des 14. Jh.)

Abb. 66. Stirnseite des Kapitelsaales im Veitsdom (2. Hälfte des 14. Jh.)

Menschen und in der Entfernung, die dem größeren Abschnitt der durch den goldenen Schnitt[73] geteilten Höhe des Turmes entspricht, derjenige Punkt befindet, von welchem ein Betrachter den Eindruck hat, daß die verschiedenen Abschnitte des Turmes gleich groß sind. Sicher kann man bei sorgfältiger Auswertung der alten Drucke in bezug auf die historischen Gebäude noch eine

Abb. 67. Ostseite des Turmes des Veitsdomes (2. Hälfte des 14. Jh.)

Vielzahl bisher unbeachteter Details aufklären. Dies ist ein offenes Arbeitsfeld für Kunst- und Kulturhistoriker.

Es ist erforderlich, hier noch einige Worte über G. Monge[74] zu sagen. Mit seinem Buch (Abb. 70) und seinen Vorlesungen über Darstellende Geometrie am Ende des 18. Jh. beginnt die Neuzeit in der Geschichte der geometrischen Abbildungsmethoden.

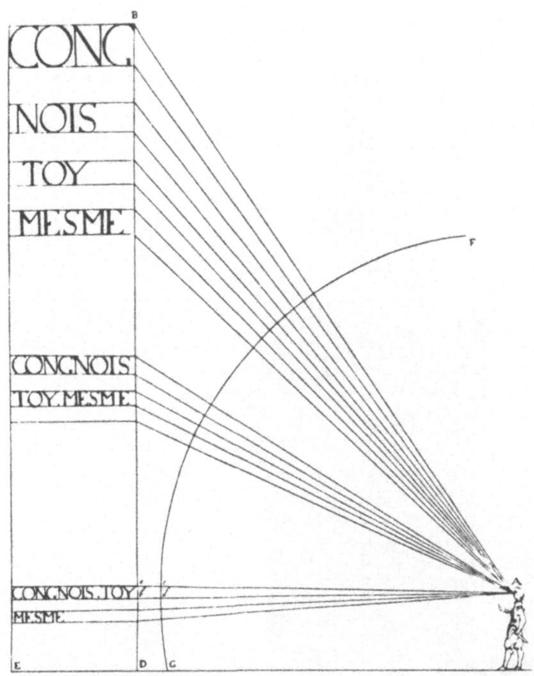

Abb. 68. Anweisung zur Gestaltung von Inschriften, die – von einem gegebenen Betrachterstandpunkt aus – scheinbar aus gleich hohen Zeilen besteht (aus dem Buch von Cauls, 1612, vgl. [4])

Monge begründete als erster das Prinzip, nicht nur abzubilden, sondern mittels der Bilder des dreidimensionalen Raumes Aufgaben, die den Raum betreffen, mit einfachen konstruktiven Mitteln in der Bildebene zu lösen. So kommt Monge das Verdienst zu, eine neue Wissenschaft geschaffen zu haben, die sich sehr schnell entwickelte und den Anstoß zur Gründung neuer geometrischer Theorien gab.

Es ist sehr wichtig, daß alle, die die von Monge begründete Darstellende Geometrie lehren, sich an Monges Wunsch halten und ihre Schüler Genauigkeit des Denkens und Genauigkeit in der praktischen Ausführung der Arbeiten lehren. Sie würden dadurch

Abb. 69. Turm des Neustädter Rathauses in Prag (Baubeginn 1451)

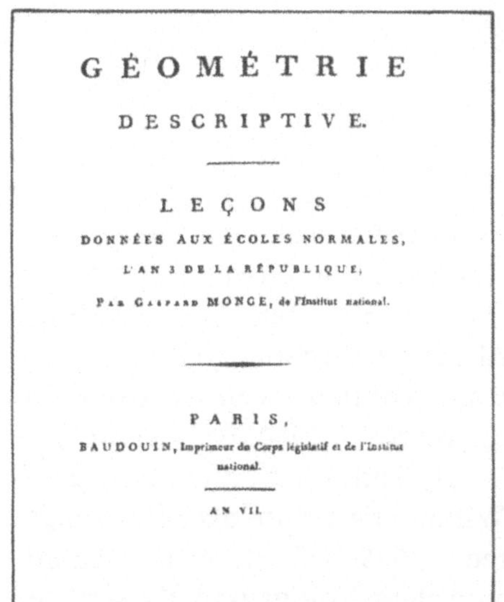

GÉOMÉTRIE

DESCRIPTIVE.

LEÇONS

DONNÉES AUX ÉCOLES NORMALES,

L'AN 3 DE LA RÉPUBLIQUE;

PAR GASPARD MONGE, de l'Institut national.

PARIS,

BAUDOUIN, Imprimeur du Corps législatif et de l'Institut national.

AN VII.

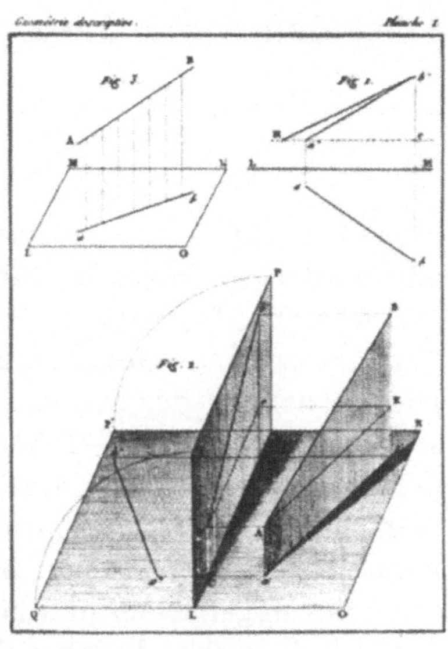

Abb. 70. Titelblatt und erste Abbildungstafel aus der Erstausgabe der „Géométrie descriptive“ von G. Monge (Paris 1798)

unserer Nation in gleicher Weise wohltun, wie Monge seinem Volk wohlgetan hat, denn er war überzeugt – wie er im Vorwort zur ersten Ausgabe seiner „Darstellenden Geometrie“ im Jahre VII der Revolution (d. h. 1798) sagte –, daß seine Arbeit dazu dient, die französische Nation aus der Abhängigkeit von der ausländischen Industrie zu lösen und die nationalen Kräfte zu mehren.

Ich danke Herrn Prof. F. Zábranský dafür, daß er das Manuskript in sprachlicher Hinsicht durchgesehen hat. Dem Verleger J. Štenc bin ich zu großem Dank verpflichtet, weil er diese meine Arbeit nicht nur herausgegeben, sondern mit einer kaum zu übertreffenden Sorgfalt ausgestattet hat.

Prag, im siebzehnten Jahr der Freiheit[75]. Dr. F. Kadeřávek

Über den Autor dieses Buches

František Kadeřávek, der Verfasser des vorliegenden Buches, war jahrzehntelang Professor für Darstellende Geometrie an der „Technischen Hochschule“ in Prag. Darum schicken wir einige Bemerkungen zur Geschichte dieser Hochschule voraus:

Die Entstehung der Schule ist das Verdienst von Christian Joseph Willenberg (1655–1731). Er wurde in Liegnitz (Legnica) in Schlesien geboren, das damals – als Teil des Königreiches Böhmen – zu Österreich gehörte. Willenberg diente als Militäringenieur in der französischen Armee. 1689 befolgte er die Anordnung des ungarischen und böhmischen Königs und Kaisers des römisch-deutschen Reiches, Leopold I., nach der seine Untertanen das französische Heer verlassen und in die Heimat zurückkehren sollten. Um die Wende vom 17. zum 18. Jh. wirkte Willenberg als Privatlehrer in Prag. 1705 richtete er in tschechischer Sprache an Leopold I. einen Antrag, die Errichtung einer Schule für den Unterricht in „Ingenieurkunst“ und in der französischen Art des Festungsbaues zu genehmigen. In seiner – ebenfalls tschechisch geschriebenen – Antwort im Jahre 1707 empfahl Kaiser Joseph I. den böhmischen Ständen die Einrichtung einer solchen Schule. Die Vorlesungen begannen allerdings erst im Jahre 1718. So entstand die „Ständische Ingenieurschule“. Unterrichtssprache war Deutsch, Unterrichtsgegenstände waren Arithmetik, Geometrie, praktische Geometrie (Vermessungskunde) und Befestigungsbauwesen.

Der Nachfolger von Willenberg war seit 1726 Johann Ferdinand Schor (1686–1767), der in Prag ansässige Nachkomme einer Tiroler Familie. Er hat der Schule einen zivilen Charakter gegeben. Die große Vielseitigkeit von Schor zeigt sich u. a. in seiner Freske auf dem Gewölbe des in Prag um 1720 gebauten Lust-

schlosses „Amerika“ (worin sich heute das Museum für den Komponisten Antonín Dvořák befindet). Das Fresko stellt die Feier der Wissenschaft – nämlich der Geometrie – und der drei Künste Architektur, Malerei und Musik dar (Abb. 71). Im geometrischen Teil ist die Ermordung des Archimedes von Syrakus (um 287–212 v. u. Z.) durch einen römischen Legionär abgebildet. Die Szene ergänzen Porträtmedaillons zweier großer Geometer der Antike – Euklid von Alexandria (um 360–um 290 v. u. Z.) und Apollonios von Perge (um 262–um 190 v. u. Z.).
Im Jahre 1806 wurde Franz Joseph Gerstner (1756–1832) zum Direktor der Ständischen Ingenieurschule ernannt, ein Mathematiker mit großem Verständnis für andere Wissenschaften und für praktische Aufgaben. Bald nach seinem Amtsantritt legte er den böhmischen Ständen den Plan für eine Reorganisation der Schule nach dem Vorbild der 1794 in Paris gegründeten „Ecole

Abb. 71. Deckenfresko von J. F. Schor im Prager Lustschloß „Amerika“ (um 1720)

Polytechnique" (vgl. Anmerkung 74) vor. So entstand im Jahre 1806 das Ständische Polytechnische Institut.

Bis 1861 wurden an diesem Institut alle Vorlesungen in deutscher Sprache gehalten, obwohl die Mehrheit der Hörer tschechischer Nationalität war. Als erster begann Rudolf Skuherský (1828–1863), seine Vorlesungen über Darstellende Geometrie in tschechischer Sprache zu halten. 1869 wurde das Ständische Polytechnische Institut in zwei selbständige Institute – das tschechische und das deutsche – geteilt. Nach der Verstaatlichung beider Institute im Jahre 1875 erhielt das tschechische Institut 1879 den Namen „Tschechische Technische Hochschule". Sie war die direkte Vorgängerin der heutigen Technischen Hochschule „České vysoké učení technické" (ČVUT) in Prag.

František Kadeřávek (Abb. 72) wurde am 26. Juni 1885 in Prag geboren. Sein Vater war Schmied und Tischler, später Gehilfe an der chirurgischen Klinik, wo ihm sein Sohn während der Mittelschulzeit oft half. Seit dem Wintersemester 1903/04 war F. Kadeřávek Student des Maschinenbaubereichs der damaligen Tschechischen Technischen Hochschule in Prag. Danach studierte er bis 1907 Mathematik an der Philosophischen Fakultät der Prager Karlsuniversität. 1908 legte er, wie es damals nach einem Mathematikstudium überall üblich war, die für Gymnasiallehrer vorgeschriebenen Staatsexamina ab, und zwar für die Fächer Mathematik und Darstellende Geometrie. Schon seit 1906 war F. Kadeřávek Assistent bei Karel Pelz (1845–1908), Professor für Darstellende Geometrie, dessen Name eine Reihe von geometrischen Sätzen trägt. 1910 wurde F. Kadeřávek zum Doktor der Technischen Wissenschaften promoviert, 1912 habilitierte er sich für Synthetische und Darstellende Geometrie. 1917 berief man ihn zum Außerordentlichen Professor und 1921 zum Ordentlichen Professor für Darstellende Geometrie an der ČVUT. Daneben lehrte er jahrelang Perspektive an der Prager Akademie der Bildenden Künste.

Abb. 72. František Kadeřávek (1885–1961)

Als die tschechischen Hochschulen 1945 wieder eröffnet wurden, berief man F. Kadeřávek zum Rektor der ČVUT. Da er jedoch im gleichen Jahr schwer erkrankte, konnte er dieses Amt nicht ausüben. F. Kadeřávek leistete eine umfangreiche gesellschaftliche Arbeit, besonders auf kulturellem Gebiet und in den Prager Studentenvereinen. Er war Ehrenmitglied des Vereins der Studenten der Ingenieurwissenschaften, des ältesten Prager Studentenver-

eins. Da er nicht verheiratet war, bildeten die Studenten, für die er immer ein offenes Herz hatte, seine große Familie.
Außer dem hier vorgelegten Büchlein hat F. Kadeřávek eine Reihe weiterer Bücher geschrieben, vor allem das zweibändige Lehrbuch „Darstellende Geometrie“ (gemeinsam mit Josef Klíma (1887–1943) und Josef Kounovský (1878–1949)), das international eines der umfangreichsten Bücher über dieses Gebiet ist (I. Band 1929, 3. Aufl. 1954; II. Band 1932, 2. Aufl. 1954).
Für die bildenden Künstler hat F. Kadeřávek zwei Bücher verfaßt: „Perspektive – Handbuch für Architekten, Maler und Freunde der Kunst“ (Prag 1922, 109 S.) und „Das Relief – Handbuch für Bildhauer und Architekten“ (Prag 1925, 95 S.), außerdem gemeinsam mit Bořivoj Kepr (geb. 1920, Dozent für Darstellende Geometrie an der ČVUT) „Raumperspektive und Reliefs“ (Prag 1954, 74 S.). Im gleichen Jahr erschien auch „Einleitung in die Geschichte des geometrischen Zeichnens und der Abbildungslehre“ (Prag 1954, 52 S.). Einzig in seiner Art ist schließlich das gemeinsam mit Karel Havlíček (1913–1983, Professor der Darstellenden Geometrie an der Karlsuniversität) verfaßte Büchlein „Technische Geometrie in der Medizin und Maschinen-Prothetik“ (Prag 1952, 84 S.). Erste Anregungen zu diesem seltenen Thema hat Kadeřávek sicherlich durch die Tätigkeit seines Vaters erhalten. Alle genannten Bücher erschienen in tschechischer Sprache.
František Kadeřávek starb am 9. Februar 1961 in Prag. Sein Werk wurde auch im Rahmen der internationalen Tagung „Geometrie in der Technik und in der Kunst“ – veranstaltet anläßlich seines 100. Geburtstages – gewürdigt.

Anmerkungen der Herausgeber

Kapitel 1:

[1] Philae: Insel in der nördlichsten Nilstromschnelle (erster Katarakt) in der Nähe der heutigen Stadt Assuan; der Isistempel ist im Rahmen des Rettungsprogramms der UNESCO zum Schutz vor Überflutung nach dem Bau des Assuan-Staudamms auf die benachbarte Insel Agilkia umgesetzt worden.
[2] Ur: Hauptstadt des gleichnamigen sumerischen Stadtstaates, ab 3. Jahrtausend v. u. Z., am rechten Euphratufer, etwa 250 km vor seiner Mündung in den persischen Golf.
[3] Dendera, auch Dandara, Dendereh: ägyptisches Dorf am linken Nilufer, etwa 50 km nördlich von Theben, mit dem Tempel der Göttin Hathor aus dem 1. Jh. v. u. Z.
[4] Edfu: ägyptischer Ort am linken Nilufer, etwa 90 km südlich von Theben, mit gut erhaltenem Tempel des Gottes Horus.
[5] Thot: altägyptischer Gott, dem Sonnengott Ra nahe verwandt.
[6] Luxor: ägyptischer Ort am rechten Nilufer, nahe Theben.
[7] Ichnographie und Orthographie: altgriechische Bezeichnungen für Grund- und Aufriß, besonders von Bauwerken. Zusammen mit der Bezeichnung Scenographie für eine Art perspektivischer Ansicht sind diese Fachwörter vor allem durch das Werk „De architectura" des römischen Architekten Vitruvius (vgl. Anmerkung 14) in allgemeinen Gebrauch gekommen.
[8] Borchardt, Ludwig (1863–1938): deutscher Ägyptologe, gründete 1906 das Deutsche Institut für ägyptische Altertumskunde in Kairo.
[9] Sphinx: altägyptisches Fabelwesen mit Löwenkörper, Menschen- oder Vogelkopf, vielfaches Motiv ägyptischer Plastik, besonders als Wächterfigur. Berühmt ist vor allem die Kolossalfigur bei den Pyramiden von Giseh.
[10] Kanon: Gesamtheit von Regeln, die in einer bestimmten Kulturperiode als verbindlich für die Schaffung von Kunstwerken angesehen werden; enthält unter Umständen genaue Maß- bzw. Proportionsvorschriften.
[11] Petrie, William Matthew Flinders (1863–1942): englischer Archäologe.
[12] Tell el-Amarna: altägyptische Stadt am rechten Nilufer, etwa 450 km südlich der Mittelmeerküste, gegründet nach der Mitte des 2. Jahrtausends v. u. Z., Fundort der prachtvollen Büste der Königin Nofretete (um 1350 v. u. Z.); jetzt in den Staatlichen Museen Berlin.
[13] Petersburg: heute wieder St. Petersburg.
[14] Vitruv(ius), Marcus Pollio (1. Jh. v. u. Z.): beendete vor 13 v. u. Z. sein Werk „De architectura", die einzige aus dem Altertum überlieferte Schrift über theoretische und praktische Fragen des Bauens (einschließlich Sonnenuh-

ren, verschiedenen technischen Anlagen und Maschinen). Dieses Buch war bis ins 18. Jh. von großem Einfluß auf die Architektur und die bedeutendsten Architekten. Die zahlreichen Abbildungen gingen jedoch bereits in der Antike verloren und wurden, als das Werk ab 1521 (bis in die Gegenwart) häufig gedruckt wurde, durch neue Illustrationen im Geschmack der jeweiligen Zeit ersetzt. Wir verweisen auf die moderne deutsche Ausgabe [60].

[15] Cesariano, Cesare di Lorenzo (1483–1543): italienischer Architekt und Maler, Schüler von Bramante (vgl. Anmerkung 59).

[16] Lencker, Hans (um 1530–1585): Goldschmied in Nürnberg, Verfasser zweier kunsttheoretischer Bücher über Perspektive (1567 und 1571).

[17] Tāq-i-Bustān: in der Nähe der iranischen Stadt Kermanshah, an der Straße Teheran-Bagdad, etwa 450 km von Teheran entfernt.

[18] Villard de Honnecourt (13. Jh.): Baumeister aus Honnecourt (Dorf im französischen Department Nord, ehemalige Provinz Cambrésis), arbeitete u. a. in den nordfranzösischen Städten Cambrai und Saint-Quentin. Sein Skizzenheft enthält zahlreiche Zeichnungen auf 66 Tafeln; die Kommentare sind in picardischem Dialekt geschrieben, wir verweisen auf die Druckausgaben [36], [46].

[19] Košice: Bezirkshauptstadt der Ostslowakei. Die im 15. Jh. vollendete Domkirche ist Nationales Kulturdenkmal. Martin (früher Turčiansky Svätý Martin): westslowakische Stadt, etwa 25 km südöstlich von Žilina, Zentrum der im 19. Jh. einsetzenden Bestrebungen zur nationalen Wiedergeburt der Slowakei.

[20] Elisabeth Přemyslovna (1292–1330): Mutter des böhmischen Königs und deutschen Kaisers Karl IV. Die Enkelin Kunhute von Bela IV. war die Großmutter der Elisabeth P.

[21] élévations géométrales (französisch); wörtlich etwa: geometrische Ansichten, Aufrisse.

[22] Dubreuil, Jean (1602–1670): französischer Mathematiker, Jesuit, Verfasser eines dreibändigen Werkes über „Praktische Perspektive“ (in französischer Sprache, Paris 1642–1648).

Kapitel 2:

[23] Bei den alten Ägyptern und z. T. auch noch bei späteren Völkern war tatsächlich eine Stunde als zwölfter Teil der Zeit zwischen Sonnenaufgang und Sonnenuntergang definiert, eine Nachtstunde entsprechend als zwölfter Teil der Zeit zwischen Sonnenuntergang und Sonnenaufgang. Daher hatten die Stunden eine von der Jahreszeit abhängige variable Dauer (vgl. Anmerkung 68). Dies wurde erst dann hinderlich, als man zunehmend mechanische Uhren (im einfachsten Fall Sanduhren) zur Messung der Zeit einsetzte. Welche Gründe zur Bevorzugung der Zahl 12 in verschiedensten

Zusammenhängen geführt haben (z. B. 12 Apostel, 12 Tugenden und 12 Laster, ein alter englischer Schilling ≙ 12 pence), darüber gibt es viele Hypothesen, aber keine allgemein anerkannten gesicherten Kenntnisse. Es ist wahrscheinlich, aber auch nur hypothetisch, daß mathematische Eigenschaften der Zahl 12 wie die von Kadeřávek angeführten dabei eine Rolle gespielt haben.

[24] Cheops: griechische Umschrift des Namens des altägyptischen Pharao Chufev oder Chufu aus der 4. Dynastie (um 2650 v. u. Z.); die für ihn erbaute Pyramide bei Giseh war die erste glattwandige Pyramide nach einer Ära von Stufenpyramiden und die größte aller Pyramiden (ursprüngliche Höhe 146,60 m, heute noch 139 m; ursprüngliche Seitenlänge 230 m, heute noch 227 m). Die Maße der Cheops-Pyramide haben Anlaß zu zahlreichen haltlosen Spekulationen über angeblich darin verschlüsselte kosmische Distanzen und ähnliche „Geheimnisse“ gegeben.

[25] Assisi: kleine Stadt in Mittelitalien, etwa 15 km östlich von Perugio. Franz von Assisi (1181–1226) gründete den katholischen Bettelmönchsorden der Franziskaner, der besonders in seinen Anfängen ein Sammelpunkt oppositioneller Kräfte gegen Verweltlichung und Degeneration der hochmittelalterlichen Papstkirche war.

[26] Astrolabium: schon in der Antike entwickeltes Gerät zur ebenen Modellierung des kugelförmig gedachten Himmelsgewölbes und der auf diesem gedachten Bewegungen von Sonne, Mond und Planeten.

[27] Giotto di Bondone (1266–1337): italienischer Maler der Frührenaissance, pflegte als erster wieder die im Mittelalter vernachlässigte Räumlichkeit in der Malerei.

[28] „Les travaux de Mars“ (französisch: Die Arbeiten des Mars); der Verfasser dieses bemerkenswerten Buches [14] über praktische Geometrie, Alain Manesson Mallet (um 1630–1706), war französischer Militäringenieur im portugiesischen Heer, später Professor der Mathematik an der Pagenschule des französischen Königshofes.

[29] Mit der Beschreibung dieses Verfahrens ist Mallet ein früher Vorläufer der Theorie der geometrischen Konstruktionen in begrenzten bzw. von Hindernissen durchsetzten Teilen der euklidischen Ebene. Zur modernen Gestalt dieser Theorie verweisen wir auf [63] und [54].

[30] Stornaloco, Gabriele (14. Jh.): Mathematiker aus Piacenza (Lombardei).

[31] Beltrami, Luca (1854–1933): Architekt und Professor an der Akademie der Künste in Mailand.

[32] Mignot, Jean (um 1345–1410): französischer Architekt, bei F. Kadeřávek steht irrtümlich Vignot.

[33] Die Bezeichnung „gotisch“ für den der Romanik folgenden und der Renaissance vorausgehenden Baustil kam im 16. Jh. in Italien auf und hatte zunächst einen abfälligen Unterton im Sinne von „barbarisch“, aus dem Nor-

den stammend, d. h. aus jener Richtung, aus der einstmals die Goten in Italien eingefallen waren.

34 Dehio, Georg (1850–1932): Professor für Kunstgeschichte an der Universität Straßburg (Strasbourg), Verfasser mehrerer Bücher über die geometrischen Prinzipien antiker und mittelalterlicher Bauproportionen [5], [40].

35 Ryff (latinisiert Rivius), Walter (1500–1553): deutscher lutherischer Theologe, erster Übersetzer des Werkes von Vitruv ins Deutsche unter dem Titel „Vitruvius teutsch" (Nürnberg 1548, bei F. Kadeřávek irrtümlich 1540).

36 Ambrosini, Floriano (1557–1621): italienischer Architekt, tätig besonders in Bologna.

37 Das griechische Wort „Symmetrie" bedeutete ursprünglich soviel wie Zusammenhang der Maßverhältnisse und bezeichnete tatsächlich bei Vitruv und auch noch lange danach die Wiederkehr von Proportionen und geometrischen Formen in verschiedenen Teilen eines Bau- oder sonstigen Kunstwerkes, insbesondere die Wiederholung globaler Proportionen im Kleinen. Die sehr eingeschränkte heutige Bedeutung des Wortes Symmetrie als mathematischer Begriff im Sinne von Spiegelsymmetrie, Zentralsymmetrie oder allgemeiner von Deckungsgleichheit verschiedener Teile eines wiederkehrenden Musters (Ornamente) ist erst im 19. Jh. entstanden.

38 Von „parleur" (französisch: Sprecher, Wortführer) leitet sich die deutsche Bezeichnung „Maurerpolier" für den Vorarbeiter einer Maurerbrigade her. Sehr wahrscheinlich ist auch der Familienname Parler der berühmten mittelalterlichen Baumeisterfamilie (vgl. Anmerkung 70) davon abgeleitet.

39 Ržiha, Franz (1831–1897): böhmischer Ingenieur, Professor an der Technischen Hochschule Wien. Baute viele Eisenbahnlinien in Österreich, beschäftigte sich auch mit Archäologie und Baugeschichte.

40 Olomoucký, Jan (verdeutscht: Hans Olmützer, 15./16. Jh.): Maler und Baumeister, seit den achtziger Jahren des 15. Jh. tätig in Breslau (Wrocław) und Görlitz, ab 1518 auf dem Prager Hradschin.

41 Rejsek, Matěj (um 1445–1506): Baumeister aus Prostějov (Mittelmähren), führender Meister der Spätgotik in Böhmen, wirkte am Bau des Pulverturmes in Prag und der St.-Barbara-Kirche in Kutná Hora mit.

42 Vladislav II. (1456–1516): aus der litauisch-polnischen Dynastie der Jagiellonen, ab 1471 böhmischer und ab 1490 ungarischer König.

43 Pilgram, Anton (1460–1515): Bildhauer und Architekt, tätig in Brünn (Brno) und Wien, ab 1512 Baumeister des Stephansdomes in Wien.

44 Nach neueren Erkenntnissen lebte Hans Zierholt von etwa 1515 bis nach 1567. Er war u. a. als Steinmetz-Meister beim Bau der St.-Peter-Kathedrale in Brno tätig.

45 Als Beginn der Neuzeit setzt man üblicherweise das Jahr 1492 an: die Entdeckung Amerikas durch Kolumbus. Die wenig später einsetzende Reformation (1517 Thesenanschlag Martin Luthers in Wittenberg) führte in allen Ländern, die von ihr erfaßt wurden, zu einem rapiden Absinken der

Kirchenbautätigkeit, da die Reformatoren vor allem am Beginn der Reformation nur für die Umwandlung katholischer in reformierte Kirchen eintraten und diese Umwandlung fast immer mit der radikalen Entfernung oder Zerstörung aller schmückenden Elemente verbunden war. Der Buchdruck wurde um 1445 durch J. Gutenberg in Mainz erfunden und hatte sich bis zum Beginn des 16. Jh. in fast alle europäischen Länder ausgebreitet.

[46] Beuron: Luftkurort in Baden-Württemberg in der Nähe von Tuttlingen. Die 1868 von Baumeister Desiderius Lenz (1832–1928) im Benediktinerkloster in Beuron begründete Kunstschule wollte die katholische kirchliche Malerei nach alten Vorbildern und Regeln neu beleben.

[47] Ezechiel (7.–6. Jh. v. u. Z.): Verfasser eines der Bücher des Alten Testaments; in der deutschen Bibelübersetzung Martin Luthers ist der Name gemäß seiner Aussprache als „Hesekiel“ wiedergegeben.

[48] apokryphe Evangelien: von den für die Kodifizierung der Bibel maßgeblichen Konzilien nicht in die Bibel aufgenommene alt- und neutestamentliche Schriften.

[49] St.-Georgs-Basilika im Prager Hradschin, gegründet um 920, heutige Gestalt seit der Mitte des 12. Jh. Nach Umbauten im Renaissance- und Barockstil wurde der ursprüngliche Zustand um 1900 wiederhergestellt. Als Basilika bezeichnet man schon seit vorromanischer Zeit einen Kirchenbau mit ungerader Anzahl von Schiffen (also meist drei oder fünf), wobei das Mittelschiff mit seinen Fenstern über die Dächer der Seitenschiffe hinausragt.

[50] cardo (lateinisch): Achse; decumanus (lateinisch): der weg- oder quergelegte (Weg). „Porta decumana“ bezeichnete im römischen Militärlager das vom Feind abgewendete Tor.

[51] Pontificale Romanum: Gesamtheit der Regeln und Rechtsvorschriften der römisch-katholischen Kirche.

Kapitel 3:

[52] Bei den Römern und noch bis in die jüngere Vergangenheit bezog sich die Devise „Teile und herrsche!“ eigentlich auf das politische Rezept, ein großes Land durch Einrichtung einer zweckmäßigen Hierarchie oder auch eine Schar von Feinden dadurch zu beherrschen, daß man Zwietracht zwischen ihnen sät. Daneben bezeichnet sie aber schon seit langem das Prinzip, ein umfangreiches Problem dadurch zu lösen, daß man es in kleinere, überschaubare Teilaufgaben zerlegt. In diesem letzteren Sinn ist sie hier offenbar zu verstehen, und in diesem Sinne spielt sie auch in der modernen Mathematik sowie in der Informatik wieder eine bedeutende Rolle: als heuristisches Prinzip zur Lösung algorithmischer Aufgaben wie z. B. Sortie-

ren einer großen Zahlenmenge nach der Größe oder Entwurf einer hochintegrierten elektronischen Schaltung.

53 Aus dieser Erkenntnis ergibt sich folgendes Verfahren zur Konstruktion eines perspektivisch korrekten Bildes eines horizontalen quadratischen Rasters mit einer zur Bildebene parallelen Kantenschar (Abb. 73): Das zur

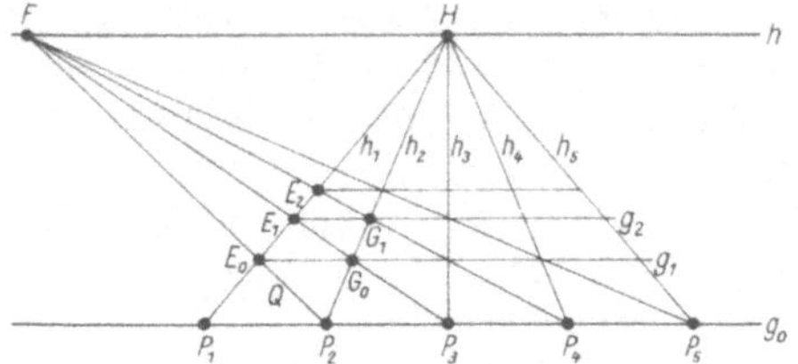

Abb. 73. Konstruktion des perspektivischen Bildes eines quadratischen Fußbodenrasters

Vorderkante g_0 des Rasters parallele Bild h des Horizonts, der auf ihm gelegene sogenannte Hauptpunkt H als gemeinsamer unendlich ferner Punkt aller horizontalen und zur Bildebene senkrechten Geraden h_1, h_2, ..., die gleichabständigen Eckpunkte P_1, P_2, ... des Quadratrasters auf g_0 und auch noch der linke hintere Eckpunkt E_0 des linken vorderen Quadrats Q können willkürlich gewählt werden. Dadurch ergibt sich der gemeinsame unendlich ferne Punkt F(„Fluchtpunkt") aller untereinander parallelen Diagonalen der Quadrate als Schnitt der Geraden P_2E_0 mit dem Horizont h. Verbindet man nun P_3, P_4, ... mit F, so erhält man die weiteren Quadratecken E_1, E_2, ... auf h_1 und G_0, G_1, ... auf h_2 usw. sowie die richtig in die Tiefe gestaffelten Bilder g_1, g_2, ... usw. der zu g_0 parallelen Rastergeraden. Man vergleiche dies mit den historischen Abb. 52 und 53.

54 Alberti, Leone Batista (1404–1472): italienischer Dichter, Maler, Bildhauer, Architekt, Techniker, Mathematiker und Philosoph. Sein hier erwähntes Werk „Drei Bücher über Malerei" (in italienischer Sprache geschrieben 1436, gedruckt erstmals 1540) enthält den ersten aus der Renaissance schriftlich überlieferten Versuch, die Gesetze der Zentralperspektive geometrisch zu begründen. Von Alberti stammen auch ein Werk über Baukunst und eine Sammlung mathematischer Unterhaltungsaufgaben. – Die hier als „zweite" erwähnte, in Abb. 74 skizzierte Methode zur Konstruktion eines richtigen perspektivischen Bildes bedarf an sich keiner weiteren sachlichen Erklärung. Sie ist offenbar allgemeiner als die in Anmerkung 53 erläuterte Methode zur Konstruktion der Bilder von quadratischen Fußböden im perspektivischen Bild, da sie es bei Verwendung eines dem gegebenen Seitenriß zugeordneten Grundrisses gestattet, für jeden durch seinen Grundriß $G(P)$ und seinen Seitenriß $S(P)$ gegebenen Punkt P

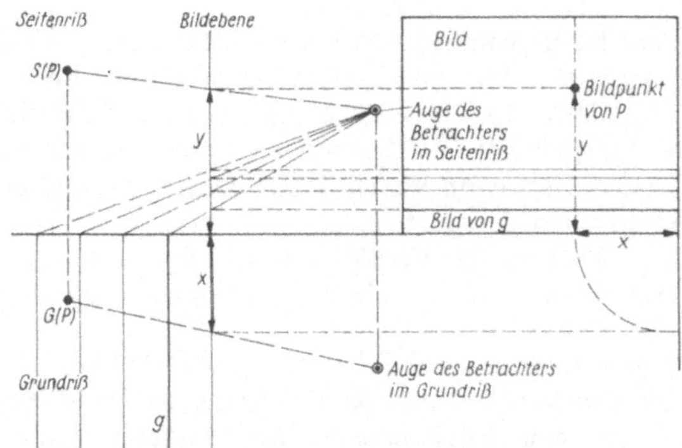

Abb. 74. Konstruktion eines perspektivischen Bildes aus Grund- und Seitenriß (sogenannte Durchschnittsmethode)

des abzubildenden Objektes die richtige Lage des Bildpunktes zu ermitteln. Diese Methode soll nach dem Zeugnis von Giorgio Vasari (1511–1574) in seinem berühmten Buch „Lebensbeschreibungen der ausgezeichnetsten Maler, Bildhauer und Architekten der Renaissance“ (in italienischer Sprache, Florenz 1550) als erster der florentinische Künstler Filippo Brunelleschi (1377–1446), bekannt als Baumeister der Kuppel des Domes zu Florenz, erfunden und angewendet haben. Vasari schreibt dort: „Filippo beschäftigte sich viel mit Perspektive, worin man damals gar keine Übung hatte und eine Menge Dinge falsch ausführte. Auf dies Studium verwendete er einen großen Teil seiner Zeit, bis er eine vollkommen richtige Methode fand, nämlich die von Grundriß und Profil ausgeht und sich durchschneidender Linien bedient, eine fürwahr sinnreiche und der Zeichenkunst sehr nützliche Sache, an welcher Filippo solches Vergnügen fand, daß er den Platz von S. Giovanni ... in eine Zeichnung brachte, worin die entfernten Teile sich auf eine sehr zierliche Weise verkürzten.“ Außer dieser Textstelle bei Vasari gibt es keinen Beweis für die Urheberschaft Brunelleschis an der sogenannten „Durchschnittsmethode“, die ihm nichtsdestotrotz in fast allen Büchern über Geschichte der Darstellenden Geometrie und Perspektive zugesprochen wird.

[55] Filarete, Antonio Averlino (um 1400–nach 1465): italienischer Architekt und Bildhauer. Sein erwähntes Werk „Traktat über die Architektur“ in italienischer Sprache enthält u. a. die Konstruktion einer Idealstadt, eine Aufgabe, mit der sich viele Persönlichkeiten der Renaissance beschäftigten.

[56] Leonardo da Vinci (1452–1519): italienischer Maler, Bildhauer, Architekt, Ingenieur und Wissenschaftler. Zu seinem Bild „Die Anbetung der drei Könige“ (246 cm × 243 cm, begonnen 1481, unvollendet wie viele seiner

Werke) hat Leonardo eine Reihe von Skizzen hinterlassen. Die in Abb. 51 reproduzierte Skizze bezieht sich nur auf einen kleinen Teil des Bildes.

57 Pélerin, Jean (genannt le Viator, 15.–16. Jh.): das im Text erwähnte Buch über die „Künstlerische Perspektive" in lateinischer Sprache wurde mehrfach nachgedruckt. Es ist die erste im wesentlichen fehlerfreie gedruckte Darstellung der mathematischen Perspektive.

58 stucco lustro (italienisch): Technik der Verkleidung von Bauteilen (Innenwänden, Säulen usw.) mit einem Putz aus feinem Marmormehl in verschiedenen Farben.

59 Bramante, Donato d'Angelo Lazzari, genannt B. (um 1444–1514): italienischer Maler und Architekt in Mailand und Rom. Begann den Neubau der Peterskirche in Rom, die von Michelangelo und anderen vollendet wurde.

60 Apsis: in romanischen Kirchen Raum für die Geistlichkeit, meist in Form eines Halbzylinders mit viertelkugelförmigem Dach aus der Außenwand der Kirche herausspringend. In späteren Kirchenbauten zum sogenannten Chor erweitert, der meist einen erheblich größeren Anteil des Gesamtbauwerkes bildet. Als Apsis bezeichnete man dann gelegentlich noch den halbzylinderförmigen Abschluß des Chores.

61 Reliefperspektive: Zentralperspektive Abbildung eines von der sogenannten Spurebene begrenzten Halbraumes auf den von dieser Spurebene und einer dazu parallelen Fluchtebene begrenzten Teil dieses Halbraumes (Abb. 75): Die Spurebene teilt den Raum in zwei Halbräume. In einem von ihnen befindet sich der angenommene Standpunkt des Betrachterauges A. Ist g eine beliebige im Punkt S der Spurebene beginnende Halbgerade des anderen Halbraumes, so schneidet die Parallele g_0 zu g durch A die Fluchtebene im

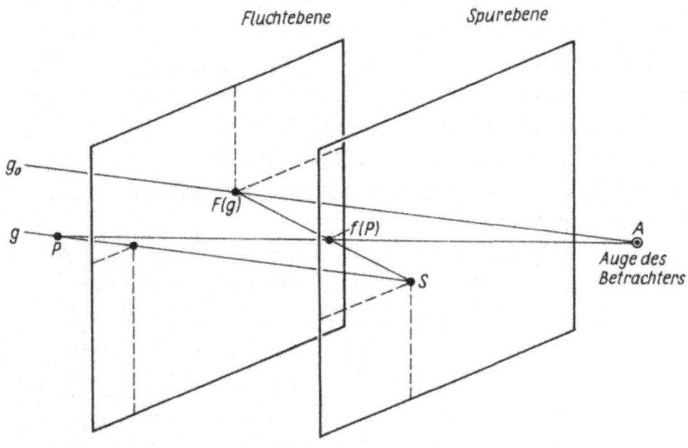

Abb. 75. Reliefperspektive

Fluchtpunkt $F(g)$ der Geraden g, d.h. dem Bild des unendlich fernen Punktes von g. Die parallelen Geraden g und g_0 spannen eine Ebene auf. Jedem Punkt P auf g wird der Schnittpunkt $f(P)$ der Geraden PA mit der Strecke $SF(g)$ zugeordnet. Dadurch ist die Halbgerade g umkehrbar eindeutig auf die Strecke $SF(g)$ und der gesamte Halbraum umkehrbar eindeutig auf die „Schicht" zwischen Flucht- und Spurebene abgebildet. – Als erstes nach den Prinzipien der Reliefperspektive gestaltetes Kunstwerk gilt die „Goldene Pforte" oder auch „Paradiespforte" des Baptisteriums in Florenz, die zwischen 1425 und 1452 von Lorenzo Ghiberti (1378–1455) geschaffen wurde. Eine mathematische Theorie der Reliefperspektive entstand erst im Rahmen der projektiven Geometrie im 19. Jh. [39].

Kapitel 4:

[62] Chaldäer: semitisches Volk, wanderte aus der nördlichen Hälfte der arabischen Halbinsel an der Wende vom 2. zum 1. Jahrtausend v. u. Z. in den südlichen Teil Mesopotamiens ein und bildete im 7. Jh. v. u. Z. das neubabylonische Reich.

[63] Seit diese Zeilen geschrieben wurden, haben sowohl alte als auch moderne Sonnenuhren eine derartige Verbreitung und Beliebtheit wiedererlangt, wie sie F. Kadeřávek 1935 kaum voraussehen konnte. Heute gibt es eine Fülle von Spezialliteratur über geometrisch-astronomische und kulturhistorische Aspekte von Sonnenuhren [42], [59].

[64] Klementinum: nach dem Hradschin der größte alte Baukomplex in Prag, nahe dem Altstädter Brückenturm der Karlsbrücke, um die Mitte des 16. Jh. von Jesuiten an der Stelle eines Klosters aus dem 13. Jh. und der zugehörigen St.-Klemens-Kirche als Höhere Bildungsanstalt erbaut. Beherbergt heute die Staatsbibliothek der Tschechischen Republik.

[65] Glorreiche Jungfrau Maria: Kirche der Prager Kleinseite, ursprünglich lutherisch, um 1640 im Barockstil umgebaut.

[66] Das Bild eines Kugelkreises ist offenbar genau dann eine Gerade der Bildebene, wenn dieser Kreis durch das Projektionszentrum geht, weil die projizierenden Strahlen dann eine Ebene bilden. Aus der Sicht der stereographischen Projektion erscheinen die Geraden einer Ebene als Ausartungsfälle von Kreisen mit unendlich großem Radius bzw. unendlich geringer Krümmung bzw. als Kreise durch den unendlich fernen Punkt. Diese sehr fruchtbare Vorstellung führt zur sogenannten Möbiusschen Geometrie der euklidischen Ebene (nach dem Leipziger Mathematiker August Ferdinand Möbius, 1790–1868). Daß bei der stereographischen Projektion die Kreise der Kugeloberfläche auf die Kreise (einschließlich der Geraden) der Ebene abgebildet werden, wurde erstmals in schriftlich überlieferter Form in der Abhandlung „Planisphaerion" des antiken Astronomen, Mathematikers

und Geographen Klaudios Ptolemaios (um 80–um 160) bewiesen [50], [51]. Erst in der Renaissance entdeckte man, daß diese Abbildung auch winkeltreu ist, was sie z. B. für Seekarten geeignet erscheinen läßt. Terrestrische Karten auf der Grundlage der stereographischen Projektion hat vermutlich als erster der deutsche Mathematiker Johannes Werner (1468–1528) in Nürnberg entworfen.

67 Auf Grund neuester Forschungen [65] ist die Prager astronomische Uhr wahrscheinlich schon im Jahre 1410 von dem aus der nordwestböhmischen Stadt Kadaň stammenden Uhrmacher Mikuláš in Zusammenarbeit mit dem Prager Universitätsprofessor Jan Ondřejův genannt Šindel (um 1375–um 1445) konstruiert und gebaut worden. Um 1490 wurde sie durch ein Kalenderzifferblatt erweitert, das von dem Prager Uhrmacher Jan (volkstümlich Hanuš) Růže und seinem Gehilfen Jakub Čech gebaut wurde. Anscheinend ist aus diesem Jan Růže im Laufe der Zeit die von Legenden umrankte Gestalt des „Meister Hanuš" entstanden, der bis heute in fast allen Reiseführern und Büchern über Prag mit großer Bestimmtheit als Schöpfer der Prager Uhr genannt wird. Die Legenden über Hanuš und die Uhr findet man zum Teil in der erst kürzlich ins Deutsche übersetzten Sagensammlung [64].

68 tschechische Stunden: Teilung eines Tages in 24 gleichlange Stunden mit Beginn bei Sonnenuntergang. Deutsche Stunden: Teilung des Tages in zweimal 12 gleichlange Stunden mit Beginn um Mitternacht bzw. Mittag (Höchststand der Sonne). Jüdische Stunden: Teilung des Tages zwischen Sonnenaufgang und Sonnenuntergang in 12 Stunden und der Nacht zwischen Sonnenuntergang und Sonnenaufgang in ebenfalls 12 Stunden, beginnend mit dem Sonnenuntergang (vgl. Anmerkung 23).

69 1866 wurde das alte Kalenderzifferblatt durch eine Malerei von Josef Mánes (1820–1871), einem der bedeutendsten tschechischen Maler, ersetzt. Diese Malerei wurde aber schon 1882 in das Prager Stadtmuseum gebracht und durch eine Kopie von E. Liška ersetzt. Während des Prager Aufstandes vom 5. bis 9. Mai 1945 wurde die Uhr stark beschädigt. Insbesondere verbrannten die Plastiken an den Pfeilern (aus dem Jahre 1659 und aus dem 18. Jh.), die Apostel mit Jesus Christus (von E. Veselý aus dem Jahre 1864) und die Kopie des Tierkreises von E. Liška. Die neuen Apostelfiguren hat V. Sucharda geschaffen, und 1962 wurde auch eine neue Kalendertafel von B. Čila eingesetzt. Einzig die gotische Statue der Madonna ist immer noch ein Original aus der Zeit um 1380. Die vorläufig jüngste Restaurierung der Uhr wurde 1988 abgeschlossen (Abb. 76).

5. Schlußwort des Autors

70 Parler, Peter (1330–1399): deutscher Baumeister aus Schwäbisch Gmünd. 1353 von Karl IV. nach Prag gerufen, wo er eine bedeutende Bauhütte grün-

Abb. 76. Gesamtansicht der astronomischen Uhr am Altstädter Rathaus in Prag

dete. Leitete den Bau der Karlsbrücke und des Altstädter Brückenturms, vollendete den Chor und die St.-Wenzels-Kapelle des Veitsdomes auf dem Hradschin. Seine Söhne Johann und Wenzel leiteten nach seinem Tode den Weiterbau des Veitsdomes bis 1419 (Beginn der Hussitenbewegung). Unter den 21 von P. Parler geschaffenen Triforiumsbüsten am Veitsdom befindet sich auch ein Selbstbildnis.

71 Die Methode, Größen durch geometrische Größen (Strecken, Flächen, Rauminhalte) darzustellen und Rechnungen bis hin zur Lösung anspruchsvoller algebraischer Gleichungen durch geometrische Konstruktionen an diesen Größen auszuführen, geht auf die griechische Antike zurück und ist u. a. in Buch II der „Elemente" des Euklid (um 300 v. u. Z.) systematisch dargestellt. Während diese Methode bei den Griechen philosophische Ursachen (Abwendung vom Zahlbegriff nach der Entdeckung inkommensurabler Streckenpaare, d. h. solcher, die bei keiner Wahl der Maßeinheit gleichzeitig ganzzahlige Längen haben), jedoch kaum praktische Auswirkung hatte, führte die intensive Beschäftigung mit den „Elementen" Euklids als fast einzigem allgemein zugänglichem systematischem mathematischem Lehrbuch im Verein mit der nur langsamen Durchsetzung des dezimalen Stellenwertrechnens in Europa etwa vom 15. Jh. an zu einer tatsächlichen Ausübung dieser seltsamen geometrischen „Analogrechnung", für die am Ende des 19. Jh. von dem dänischen Mathematikhistoriker H. G. Zeuthen (1839–1920) im nachhinein die Bezeichnung „geometrische Algebra" geprägt wurde.

72 Cauls (auch Caux oder de Caus), Salomon (1576–1626): französischer Architekt und Ingenieur, seit 1612 Zeichenlehrer der englischen Prinzessin Elisabeth, der späteren Gemahlin des böhmischen „Winterkönigs" (1619–1620) Friedrich von der Pfalz.

73 Eine Strecke e ist in die Teilstrecken x und $e-x$ „harmonisch" oder „nach dem goldenen Schnitt" geteilt, wenn $x:e-x=e-x:e$. (Dabei bezeichne x die kürzere Teilstrecke.) Die harmonische Teilung war schon den alten Griechen bekannt und hat als ästhetisches Prinzip zur horizontalen und vertikalen Gliederung von Bauten und Skulpturen (aber auch in der Malerei) seitdem eine nicht zu leugnende Rolle gespielt. Andererseits ist die Bedeutung des goldenen Schnittes, der angeblich auch in der Natur in vielen Zusammenhängen verwirklicht sein soll, in der kunsttheoretischen und kunsthistorischen Literatur des 19. und 20. Jh. oft stark übertrieben worden. Über diese Fragen existiert eine umfangreiche Spezialliteratur [58].

74 Monge, Gaspard (1746–1818): französischer Mathematiker, der französischen Revolution von 1789 und später Napoleon eng verbunden. Begründer der Polytechnischen Schule in Paris (1794), die für rund 50 Jahre zum Zentrum der europäischen Mathematik und zum Vorbild für alle Höheren technischen Bildungsanstalten wurde. Monge gilt als der eigentliche Begründer der Darstellenden Geometrie als einer mathematischen Disziplin

und als praktikabler Hilfswissenschaft für den Ingenieur und Techniker. Was dies angesichts der von Kadeřávek skizzierten jahrtausendealten Geschichte der Anwendung konstruktiv-geometrischer Methoden in Technik und bildender Kunst bedeutet, hat Kadeřávek an dieser Stelle seines Buches so gut formuliert, wie man es in einem Satz kaum besser ausdrücken kann. Zum einen kommt Monge das Verdienst zu, durch das systematisch ausgebaute Verfahren der zugeordneten Normalrisse (auch als Mongesches Zwei- bzw. Dreitafelverfahren bezeichnet) aus der Fülle der Möglichkeiten ein einfaches und fast universelles Standardverfahren zur Lösung unterschiedlichster Aufgaben propagiert (und mit Erfolg in Ausbildung und Praxis durchgesetzt) zu haben. Zum anderen ist bei ihm erstmals (freilich noch nicht so direkt formuliert) die Erkenntnis vorhanden, daß es sich nicht nur darum handelt, Objekte des dreidimensionalen Raumes möglichst eindeutig und anschaulich in eine zweidimensionale Bildebene abzubilden, sondern daß es um die Schaffung eines ebenen Modells des dreidimensionalen Raumes geht, an dem gewisse eigentlich auf das dreidimensionale Urbild bezügliche Operationen und Entscheidungen ersatzweise und exakt durchgeführt werden können. Als Gegenstück dazu entwickelte Monge übrigens die Koordinatenmethode zu einem universellen rechnerischen Modell des dreidimensionalen Raumes, in dem geometrische Operationen und Entscheidungen ersatzweise an den Koordinaten der Gebilde rechnerisch durchgeführt werden können.

[75] Diese heute etwas pathetisch wirkende Datierung ist einerseits durch Kadeřáveks patriotische Begeisterung über die 1918 errungene nationale Selbständigkeit der Tschechen und Slowaken inspiriert, andererseits durch das zuvor zitierte Vorbild Monges.

[A1] Abd-el-Kurna: ausgedehntes Gräberfeld hoher altägyptischer Beamter in der Nähe von Theben (demnach stammen die Abb. 15, 17, 48 und 49 nicht aus Pharaonen-, sondern aus Beamtengräbern).

[A2] Laon: französische Stadt etwa 120 km nordöstlich von Paris.

[A3] Perret de Chambéry, Jacques (16./17. Jh.): Edelmann aus Savoyen, Verfasser des Buches „Über die Festungsbauten und die Kunst der Architektur und der Perspektive“ (in französischer Sprache, Paris 1601) [21].

[A4] Rodler, Hieronymus (16. Jh.): sein 1531 in Simmern erschienenes Buch [52] über Perspektive war für die deutschen Renaissance-Maler bestimmt.

[A5] Arche: altertümliche Bezeichnung für Flügelaltäre in Form verschließbarer Schränke.

[A6] Niceron, Jean François (1613–1646): französischer Theologe und Mathematiker. Sein zuerst 1638 in Paris in französischer Sprache erschienenes Buch hat den Titel „Die kuriose Perspektive oder künstliche Magie der wunderbaren Effekte der Optik durch direktes Sehen“.

Literatur

Von F. Kadeřávek angegebene Quellen:

[1] Boecker, A.: Das Stuttgarter Passionale. Augsburg 1923.

[2] Borchardt, L.: 1. Altaegyptische Werkzeichnungen. Zeitschrift für aegyptische Sprache und Altertumskunde **34** (1896), 69–76. 2. Zur Geschichte des Luqsortempels. Ebenda **34** (1896), 122–138.

[3] Brugsch, H.: Bau und Maasse des Tempels von Edfu. Zeitschrift für aegyptische Sprache und Altertumskunde **10** (1872), 1–16.

[4] Caus (Cauls, Caux), S. de: La Perspective avec la raison des ombres et miroirs. London 1612.

[5] Dehio, G.: Ein Proportionsgesetz der antiken Baukunst und sein Nachleben im Mittelalter und in der Renaissance. Strassburg 1895.

[6] Dümichen, C.: Die Baugeschichte des Denderatempels. Strassburg 1877.

[7] Durach, F.: Das Verhältnis der mittelalterlichen Bauhütten zur Geometrie. Stuttgart 1928.

[8] Dvořák, V.: O některých otázkách teoretické a praktické estetiky v moderním umění. I. Architektura. Prag 1933.

[9] Empereur, C. L': Talmudis Babylonici codex middoth, sive de mensuris templi. Leiden 1630.

[10] Ghyka, M. C.: Le nombre d'or. I. Les rythmes. Paris 1931.

[11] Kolářová-Císařová, A.: Značky v českých a moravských paleotypech. Prag 1926.

[12] Kreitmaier, J.: Beuroner Kunst. Eine Ausdrucksform der christlichen Mystik. Freiburg 1914.

[13] Lietzmann, W.: Mathematik und bildende Kunst. Breslau 1931.

[14] Manesson Mallet, A.: Les travaux de Mars, ou l'art de la guerre. I–III. Amsterdam 1684–85.

[15] Mössel, E.: Urformen des Raumes als Grundlagen der Formgestaltung. München 1931.

[16] Monge, G.: Géométrie descriptive. Paris 1798. (Vgl. [47])

[17] Oettingen, W. v. (Ed.): Antonio Averlino Filarete's Tractat über die Baukunst. Wien 1890.

[18] Palacký, F.: List kamenického cechu Starého Města Pražského Kutnohorským z r. 1489. Památky archeologické a místopisné 4 (1860), 187.

[19] Panofsky, E.: Die Entwicklung der Proportionslehre als Abbild der Stilentwicklung. Monatshefte für Kunstwissenschaft 14 (1921), 188–219.

[20] Pélerin, J. (genannt le Viator): De artificiali perspectiva. Toul 1505. Faksimile-Ausgabe, Paris 1860.

[21] Perret, J.: Des fortifications et artifices architecture et perspective. Paris 1601.

[22] Petrie, W. M. Flinders: 1. Dendereh. London 1900. 2. The Arts and Crafts of Ancient Egypt. London, 2. Aufl. 1923.

[23] Podlaha, A.; Hilbert, K.: Metropolitní chrám sv. Víta v Praze. Prag 1906.

[24] Prokop, A.: Die Markgrafschaft Mähren in kunstgeschichtlicher Beziehung. I–IV. Wien 1904.

[25] Ryff-Rivius, W.: Vitruvius teutsch. Nürnberg 1548.
[26] Ržiha, F.: Studien über Steinmetz-Zeichen. Mitteilungen der k. k. Central-Commission zur Erforschung und Erhaltung der Kunst- und historischen Denkmale **7** (1881), 26–49, 105–117; **9** (1883), 25–45. Reprint: Leipzig 1989.
[27] Sable, M.: Le symbolisme des marques typographiques. Antwerpen 1932.
[28] Sarre, F.: Die Kunst des alten Persiens. Berlin 1922.
[29] Schaefer, K.: Norddeutsche Malerei. Monatshefte für Kunstwissenschaft **12** (1919), 33–38.
[30] Schäfer, H.: Die Entstehung einiger Mumienamulette. Zeitschrift für ägyptische Sprache und Altertumskunde **43** (1906), 66–70.
[31] Schübler, J. J.: Neue und deutliche Anleitung zur praktischen Sonnen-Uhr-Kunst. Nürnberg 1726.
[32] Steindorf, G.: Gerätefriesen der Särge des mittleren Reiches. Zeitschrift für ägyptische Sprache und Altertumskunde **68** (1932).
[33] Tietze, H.: Aus der Bauhütte von St. Stephan. Jahrbuch der kunsthistorischen Sammlungen in Wien. Neue Folge **4** (1930), 1–46; **5** (1931), 161–187.
[34] University of Chicago Oriental Institute Expedition to Persia. The Illustrated London News (1933), April 1, 453–455.
[35] Vetter, Q.: Jak se dříve počítalo a měřilo na úsvitě kultury. Prag 1926.
[36] Willis, R.: Facsimile of the Sketch-Book of Villard de Honnecourt. London 1859. (Vgl. [46]).
[37] Woolley, C. L.: Sculpture in Abraham's city 2 300 years before Christ: The great stela of King Ur-Engur. The Illustrated London News (1925), August 22, 361–363.
[38] Wreszinski, W.: Atlas zur altaegyptischen Kulturgeschichte. I, II, III. Leipzig 1923, 1935, 1936.

Ergänzende Literaturhinweise der Herausgeber:

[39] Burmester, L.: Grundzüge der Reliefperspektive nebst Anwendung zur Herstellung reliefperspektivischer Modelle. Leipzig 1883.
[40] Dehio, G.: Untersuchungen über das gleichseitige Dreieck als Norm gotischer Bauproportionen. Stuttgart 1894.
[41] Drach, C. A. v.: Das Hütten-Geheimnis vom Gerechten Steinmetzen-Grund in seiner Entwicklung und Bedeutung für die kirchliche Baukunst des deutschen Mittelalters. Marburg 1897.
[42] Drecker, J.: Theorie der Sonnenuhren. Berlin-Leipzig 1925.
[43] Dürer, A.: Underweysung der messung/mit dem Zirckel und Richtscheyt ... (Nürnberg 1525). Nachdruck Zürich 1966. Gekürzte Ausgabe von A. Peltzer, Süddeutsche Monatshefte, München 1908. (Vgl. auch [55], [57])
[44] Fichtner, R.: Die verborgene Geometrie in Raffaels „Schule von Athen". München 1984.
[45] Fischer, Th.: Zwei Vorträge über Proportionen. München 1934, Berlin 1955.
[46] Hahnloser, H.: Villard de Honnecourt. Skizzenbuch. Wien 1935.
[47] Monge, G.: Darstellende Geometrie. (Ins Deutsche übersetzt und herausgegeben von R. Haussner.) Ostwalds Klassiker der exakten Wissenschaften Nr. 117, Leipzig 1900.

[48] Obenrauch, F.J.: Geschichte der darstellenden und projektiven Geometrie. Brünn 1897.
[49] Pacioli, Luca: Divina Proportione. (Die göttliche Proportion.) Deutsch von C. Winterberg. Wien 1889.
[50] Ptolemaios, Klaudios: Planisphaerium. Deutsch von J. Drecker. Isis 9 (1927).
[51] Reusch, E.: Die stereographische Projektion. Leipzig 1881.
[52] Rodler, H.: Eyn schön nützlich büchlin und underweisung der Kunst des Messens mit dem Zirckel, Richtscheydt oder linial. Faksimile-Nachdruck der Ausgabe Simmern 1531. Einführung von T. Adrian. Graz 1970.
[53] Ricken, H.: Der Architekt – Geschichte eines Berufes. Berlin 1977.
[54] Schreiber, P.: Grundlagen der konstruktiven Geometrie. Berlin 1984.
[55] Schröder, E.: Dürer. Kunst und Geometrie. Berlin 1980.
[56] Shegin, L. F.: Die Sprache des Bildes. (Übersetzung aus dem Russischen.) Dresden 1982.
[57] Steck, M.: Dürers Gestaltlehre der Mathematik und der bildenden Künste. Halle 1948. (Enthält wesentliche Auszüge aus Dürers Underweysung und umfangreiche Bibliographie, insbesondere zur mittelalterlichen Bauhüttengeometrie.)
[58] Timerding, H.: Der goldene Schnitt. Leipzig 1919, 4. Auflage 1937.
[59] Vilkner, H.: Konstruktion von Sonnenuhren. Mathematische Schülerzeitschrift „alpha“ 22 (1988) 3, S. 71–73.
[60] Vitruvius Pollio, M.: Zehn Bücher über Architektur. Übersetzt und erläutert von J. Prestel. Straßburg 1912–14, 3. Aufl. Baden-Baden 1983.
[61] Wiener, C.: Lehrbuch der darstellenden Geometrie. I. Leipzig 1884, S. 5–61.
[62] Wolff, G.: Mathematik und Malerei. 2. Aufl. Leipzig 1925.
[63] Zühlke, P.: Konstruktionen in begrenzter Ebene. Leipzig-Berlin 1913, 3. Aufl. 1951.
[64] Cibula, V.: Prager Sagen (zus. mit Ďurícková, M.: Bratislavaer Sagen). (Übersetzung aus dem Tschechischen.) Berlin 1988.
[65] Horský, Z.: Pražský orloj (tschechisch, mit Zusammenfassungen u. a. in deutsch). Prag 1988.

Namen- und Sachverzeichnis